中国农业科学技术出版社

图书在版编目（CIP）数据

一地多种蔬菜高效种植模式 / 祝海燕主编．—北京：中国农业科学技术出版社，2020.7（2024.11 重印）

ISBN 978-7-5116-4671-2

Ⅰ.①一…　Ⅱ.①祝…　Ⅲ.①蔬菜园艺　Ⅳ.①S63

中国版本图书馆 CIP 数据核字（2020）第 049552 号

责任编辑　张国锋
责任校对　贾海霞

出 版 者　中国农业科学技术出版社
北京市中关村南大街 12 号　邮编：100081
电　　话　（010）82106636（编辑室）　（010）82109702（发行部）
（010）82109709（读者服务部）
传　　真　（010）82106631
网　　址　http://www.castp.cn
经 销 者　各地新华书店
印 刷 者　北京捷迅佳彩印刷有限公司
开　　本　880mm×1 230mm　1/32
印　　张　5.5
字　　数　170 千字
版　　次　2020 年 7 月第 1 版　2024 年 11 月第 7 次印刷
定　　价　28.00 元

《一地多种蔬菜高效种植模式》

编写人员名单

主　编　祝海燕

副主编　苗锦山　李婷婷

编　者　祝海燕　苗锦山　李婷婷　冯　棣

前　言

随着社会发展和人民生活水平的提高，人民对蔬菜等农副产品的需求不断增长，人多地少的矛盾也逐渐突出。随着蔬菜生产规模的不断扩大，蔬菜生产中的连作障碍问题逐年加重，严重影响了蔬菜的产量和品质。

为了满足广大生产者的需求，增强我国蔬菜产业抗风险的能力，充分挖掘光、热、水、土地资源的生产潜力，增产增收，缓解我国人多地少的矛盾。潍坊科技学院相关科研人员从蔬菜生产的实际出发，结合蔬菜品种特性，科学地安排茬口、合理的轮作、高效地利用季节周期性，收集了当前北方各地蔬菜高效种植模式，为发展间作、套作、混作等多熟制，提高土地利用率，提高复种指数，达到一地多种、一地多收的目的提供指导。

为此我们编写了《一地多种蔬菜高效种植模式》一书，此书主要针对我国长江以北的北方地区，介绍了北方地区主要栽培蔬菜的绿色栽培技术及有代表性的蔬菜的间作、套作、轮作等一地多种蔬菜高效种植模式。一地多种蔬菜高效种植模式充分提高了土地利用率及复种指数。同时通过科学合理的间作、套作、轮作种植，达到了合理利用土壤养分及减轻各种蔬菜病虫害发生的目的。

需要特别说明的是，由于各地气候条件、栽培设施条件及栽培水平的差异，广大生产者在参考本书中的各种栽培模式及栽培技术的同时要结合当地的实际情况，不可完全照搬。另外本书在写作过程中参引了许多专家、学者及同行们的经验，在此一并谨致谢忱。由于编者水平有限，书中难免有不当之处，恳请广大读者批评指正。

编　者

2020 年 2 月

目　　录

第一章　一地多种蔬菜高效种植模式概述

我国幅员辽阔，但人口众多，人均占有土地资源较少。社会发展和人民生活水平的提高，使人民对蔬菜等农副产品的需求不断增长。随着蔬菜生产规模的不断扩大，蔬菜生产中的连作障碍问题逐年加重，严重影响了蔬菜的产量和品质。因此从蔬菜生产的实际出发，结合蔬菜品种特性，科学安排茬口，合理轮作，高效地利用季节周期性，探究蔬菜高效种植新模式，提高土地利用率，提高复种指数，一地多种、一地多收，提高单位面积产量，发展间作、套作、混作等多熟制是必行之路。多熟高效模式不仅充分挖掘了光、热、水、土地资源的生产潜力，还增强了蔬菜产业的抗风险能力，并达到增产增收的目的，缓解了我国人多地少的矛盾。

一、我国农作物高效种植模式发展历史

间作、混作、套作、轮作是我国农业遗产的重要组成部分，是精耕细作、集约种植的一种传统技术。

公元前 1 世纪，西汉《氾胜之书》："每亩以黍椹子各三升合种之""区种瓜……又种薤十根""又可种小豆于瓜中"。公元 6 世纪《齐民要术》："二豆良美，润泽益桑"，以发挥作物间的互利关系；"慎勿于大豆地中杂种麻子"，以避开作物间的不利关系；"谷田必须岁易""麻欲得良田，不用故墟""凡谷田，绿豆、小豆底为上，麻、黍、故麻次之，芜菁、大豆为下"，指出了作物轮作的必要性，并记述了当时的轮作顺序。至宋、元时期的七百年间，间混套作有了一定发展，注意到用地养地相结合，并提高了对套作的好处和合理选配作物组合的认识。至明、清，人口增加较快，人均耕地显著减少，间混

套作普及较快。明代《农政全书》中有了关于大麦、裸麦和棉花套作，麦和蚕豆间作，以及棉薯间作等记载。清朝《农蚕经》记述了麦与大豆的套作。此外，明朝还有早稻与晚稻套作，清朝有稻豆套作、粮菜间作、稻与苡薏间作等有关记载。至新中国成立前，轮作、套作已有相当规模的发展，长期以来中国旱地多采用禾谷类作物、经济作物与豆类作物的轮换，或与绿肥作物的轮换，另外玉米与豆类间作在全国各地都有分布。

新中国成立后，“全国农业发展纲要”明确指出“合理的轮作(换茬)、间作套种和密植是增加农作物产量的重要措施”。2015 年《国务院办公厅关于加快转变农业发展方式的意见（国办发〔2015〕59 号）》中强调，“大力推广轮作和间作套作，支持因地制宜开展生态型复合种植，科学合理地利用耕地资源，促进种地养地相结合。”

二、我国蔬菜高效栽培制度

蔬菜的高效栽培制度是指在一定的时间内，在一定的土地面积上各种蔬菜合理安排布局的制度。它包括因地制宜地扩大复种，采用轮作、间作、混作、套作等技术来安排蔬菜栽培的次序，并配以合理的施肥和灌溉制度、土壤耕作和休闲制度。

蔬菜高效栽培制度的主要特点在于广泛采用间作、套作，增加复种指数，提高光能和土壤肥力利用率；重视轮作倒茬、冻地、晒垡等制度来减轻病虫害，恢复和提高土壤肥力。

（一）单作与间套混作

单作是在同一块田地上种植一种作物的种植方式，也称为清种、净种或平作。单作时全田作物对环境条件要求一致，生育期一致，便于田间统一种植、管理与机械化作业，不存在不同作物间的矛盾，在精心栽培下可以获得高产，因而被世界上多数地区所采用。但单作存在群体结构单一、漏光多、透光差、个体间竞争激烈，难以通过增加植株密度进一步提高产量，单一作物难以充分利用资源（土地、温度、光、水、肥）等缺点。

间套混作是一种传统的农业技术，是在同一田地上按照一定的占地比例种植两种或两种以上的蔬菜作物，不同作物的生长时间与生产季节相近或交叉。作物间套种能够有效利用作物生长的时间差、空间差、相互竞争的生态差，最大限度地提高农作物光合作用效率和土地利用率，从而提高作物的种植密度，进而提高产量。

间作是指同一地块上，同一生长期内，分行或分带相间种植两种或者两种以上蔬菜作物的种植方式。套作是指在前作蔬菜生长后期的株行间，播种或者移栽后作蔬菜的种植方式。混作是指同一土地上，于同一生长期内将不同蔬菜不规则地混合种植。

合理的间混套作，把两种或两种以上的蔬菜，根据其不同的生理、生态特征，发挥其种类间互利、互补因素，组成一个复合群体，通过合理的群体结构，增加单位土地面积上的植株总数。更有效地利用光能与地力、时间与空间，造成互利的环境，以减轻杂草病虫等的危害。所以，间混套作充分利用了环境资源中光、热、水、肥、气等生态因子，增加了复种指数，提高了单位面积产量，增加了经济效益，是我国蔬菜高效栽培制度的一个显著特点。

在实行蔬菜的间、混、套作时，由于作物间既有互助互利的一面，又不可避免地存在矛盾的一面，因此要根据各种蔬菜的农业生物学特性，选择互利较多的作物互相搭配，还要因地制宜地采用合理的田间群体结构及相应的技术措施，才能保证高产优质高效。若搭配不合理，加剧了互相竞争，反而会导致减产减收。

1. 作物间混套作种植技术的发展意义

（1）利用不同作物的生长规律，提高单位面积产量

农作物间套作种植技术能最大限度地提高空间利用率，在种植主要农作物的同时利用空隙种植另外一种作物。比如，在一块田里同时种植马铃薯和白芸豆，或玉米套种大豆等。马铃薯是矮秆作物，白芸豆是藤本需要支架的攀爬植物，按一定的株行距进行种植，其生产空间不同，可以充分利用光能进行光合作用。禾本科植物与豆科植物套种，可以弥补玉米对氮肥的需求，可培肥地力，促进作物生长。这种种植方法能有效增加单位面积农作物的种类和提高单位面积的产量。

（2）合理利用光热、水肥资源，充分发挥资源优势

增加作物种植密度是提高光能利用率的主要措施。以玉米、大豆、豌豆间套种为例，玉米生长至孕穗期后，在玉米植株间套种大豆，8 月中下旬玉米采收时大豆进入拔节生长期，玉米采收时除去玉米叶片和茎秆上端，只留茎秆的 2/3。9 月底至 10 月初在大豆成熟时，在植株间种植豌豆，大豆在 10 月中旬可以采收用于鲜食，大豆茎秆置于行间作为有机肥，此时豌豆已出苗 3～5cm，留下的玉米茎秆可以作为豌豆攀爬的支架，豌豆在 12 月至次年 2 月可采收鲜食，这样的种植模式一年三熟，大大提高了复种指数。云南省永胜县南片乡镇的农民凭借当地的这些光热资源优势条件，因地制宜地发展特色种植，在合理利用和分配土地的基础上开展作物间套种，有效地提高了土地利用率，充分利用光热水肥资源，从而增加了农民的收入。

（3）改善田间小气候，减少病虫害

实施农作物间套种，改善田间小气候，能够减少病虫害的发生，因此掌握这门技术对农业生产非常有必要。实施农作物间套种，不同农作物交叉生长对病虫害的发生有一定的抑制作用，从而减少了病虫害的发生；同时，对土壤湿度、空气湿度也有改善作用，利于作物生长，能起到防止水分流失及防旱保湿的作用。

（4）提高土壤肥力，提高复种指数

农作物间套作种植技术的运用能起到改善土壤状况的作用。不同作物对肥料的需求不同，有的还有相互补充的作用。作物秸秆还田更有利于恢复土地生产力，提高土壤肥力。作物间套作种植模式的推广，做到了用地与养地相结合，提高了单位面积的产量，是一项既有经济效益又有生态效益的技术措施。

2. 在实施间混套作时应掌握以下原则

（1）合理搭配蔬菜的种类和品种

作物间套种首先要保证主作物生长所需的光热水肥充足，保证其正常生长的前提下，兼顾间套作物的生长需求。例如，马铃薯与白芸豆占地比例为 2∶1，有利于通风透光，保证间套作物的光、热、水、肥的正常需要。作物的搭配也要综合考虑作物的植株形态、叶片、前期生长状况等。例如，玉米与生姜、玉米与大豆或菜豌豆、马铃薯与

白芸豆以及新植的果园套种花生、大豆、蔬菜等较矮的农作物，可以极大地利用空间差，充分利用土地资源。

① 高矮结合，喜光与耐阴相结合。高秧与矮秧搭配，喜光与耐阴结合，有利于光能的充分利用，也可增加单位面积株数，对不同层次的光照和气体都能有效地利用，同时还可改善田间小气候条件。如黄瓜与辣椒间作、黄瓜与芹菜间作等。

② 直立与水平结合。采取直立叶型与水平叶型相搭配，能有效利用光能。如葱蒜与菠菜间作。

③ 根系深浅结合。深根性与浅根性蔬菜种类相搭配，以合理利用不同层次土壤中的营养，也避免了同一层次内的根系竞争。如茄果类蔬菜与叶菜类蔬菜间套作。

④ 生育期早晚结合。在生长期、熟性和生长速度上掌握生长期长的与短的，生长快的与慢的，早熟的与晚熟的相搭配。如叶菜类蔬菜与黄瓜间套作。

⑤ 对营养元素竞争小的相搭配。这样可以有效地利用土壤不同的营养，如叶菜类需 N 多，对 P、K 要求较少；果菜类需 P、K 较多，互相间套作可充分利用土壤中各种营养元素。又如禾本科作物与豆科作物套种，有利于作物对不同肥料的需求，做到用地与养地相结合。

⑥ 间套种的作物对病虫害要有相互制约的作用。间套作的作物要有利于抑制病虫害的发生，可减少农药的施用量，减少因病虫害造成的损失。如秋花椰菜套作茴香，有减轻菜青虫、黑腐病危害的作用。

（2）合理安排田间结构

间混套作后，单位面积上的植株密度增加，所以要处理好作物间争光、争空间和争肥水的矛盾。

① 分清主副、合理配置。

主副作的比例要得当，使二者均能获得良好的生长发育条件，可在保证主作密度与产量的前提下，适当提高副作的密度与产量。但副作不能干扰主作。

② 合理安排株行距。

高矮结合时，矮生作物种植幅度适当加宽，高秆作物种植幅度适当变窄，缩小株距，充分发挥边际效应。

③ 合理安排共生期。

主副作共生期越长相互竞争越激烈，可利用各种措施缩短共生期。如间作同期播种或定植，但主副作的收获期可以不同。套作前茬利用后茬的苗期，不影响自身的生长，后茬利用前茬的后期，不妨碍壮苗。而有的前作还可以为后作的萌发出苗、保苗创造良好的条件。

3. 采取相应的栽培技术措施

间混套作对栽培技术、施肥水平、管理水平要求较高。如间作中各种条件跟不上，副作采收不及时，会降低主作产量。对于套作，它不仅高度地利用空间，而且也高度地利用时间，增加复种。复种指数的增加，等于扩大了土地面积，这种制度最适于近郊人多地少、肥源充足的地方。

（二）连作与轮作

1. 连作及其危害

连作是在同一块土地上不同年份内连年栽培同一种蔬菜。一年一茬的连作，如第一年栽培番茄，第二年还是番茄；一年多茬的连作，如第一年春夏种番茄，秋季种植萝卜或白菜，第二年春夏季再种番茄，秋季再种萝卜或白菜。

连作具有较大的危害性。首先，因为同一种蔬菜在同一块土地上连续栽培，对于其所需要的养分年年不断地吸取，而吸收少的营养留在土中，造成土壤内营养元素的失调，地力得不到充分利用。其次，各种蔬菜地下部根系的分布位置各有深浅，吸收养分范围各有不同。如果年年连作，不同位置的土壤营养不能得到充分利用，甚至造成根层营养缺乏。再次，各种蔬菜病虫害的病原常在土中越冬，连作无疑是为病虫害培养寄主，导致病虫害的逐年加重。最后，连作会导致某种蔬菜根系分泌的有毒物质或有害物质的积累，对土壤微生物及其自身都会产生抑制作用。并且，某些蔬菜的连作还会导致土壤 pH 值的连续上升或者下降。

2. 轮作及其原则

轮作是指在同一块田地上，有顺序地在季节间或年间轮换种植不同的作物或复种组合的一种种植方式。轮作是用地养地相结合的一种生物学措施。

（1）轮作的作用

① 防治病、虫、草害。

作物的许多病害如烟草的黑胫病、蚕豆根腐病、甜菜褐斑病、西瓜蔓割病等都通过土壤侵染。如将感病的寄主作物与非寄主作物实行轮作，便可消灭或减少这种病菌在土壤中的数量，减轻病害。对为害作物根部的线虫，轮种不感虫的作物后，可使其在土壤中的虫卵减少，减轻危害。

合理的轮作也是综合防除杂草的重要途径，因不同作物栽培过程中所运用的不同农业措施，对田间杂草有不同的抑制和防除作用。如密植的谷类作物，封垄后对一些杂草有抑制作用；玉米、棉花等中耕作物，中耕时有灭草作用。一些伴生或寄生性杂草如小麦田间的燕麦草、豆科作物田间的菟丝子，轮作后由于失去了伴生作物或寄主，能被消灭或抑制为害。水旱轮作可在旱种的情况下抑制，并在淹水情况下使一些旱生型杂草丧失发芽能力。

② 均衡利用土壤养分。

各种作物从土壤中吸收各种养分的数量和比例各不相同。如禾谷类作物对氮和硅的吸收量较多，而对钙的吸收量较少；豆科作物吸收大量的钙，而吸收硅的数量极少。因此，两类作物轮换种植，可保证土壤养分的均衡利用，避免其片面消耗。

③ 调节土壤肥力。

谷类作物和多年生牧草有庞大根群，可疏松土壤、改善土壤结构。绿肥作物和油料作物，可直接增加土壤有机质来源。

水旱轮作还可改变土壤的生态环境，增加水田土壤的非毛管孔隙，提高氧化还原电位，有利于土壤通气和有机质分解，消除土壤中的有毒物质，防止土壤次生潜育化过程，并可促进土壤有益微生物的繁殖。

由于蔬菜种类多，不可能将田块分为许多小区，每年轮换一种作物，且每类蔬菜多具有相同的特性，因此要将各类蔬菜分类轮流栽培，如白菜类、根菜类、葱蒜类、茄果类、瓜类、豆类等不同类蔬菜进行轮换种植。同类蔬菜集中于同一区域，不同类的同科蔬菜也不宜相互轮作，如番茄和马铃薯。绿叶菜类的生长期短，应配合在其他作物的轮作区中栽培，不独占一区。

（2）蔬菜轮作中的注意事项

① 吸收土壤营养不同、根系深浅不同的蔬菜互相轮作。

如叶菜类（吸 N 多）→根茎类（吸 K 多）→果菜类（吸 P、K 多）相互轮作；根菜类、果菜类等（除黄瓜）深根性作物与叶菜类及葱蒜类等浅根性作物相互轮作。

② 互不传染病虫害的蔬菜作物相互轮作。

同科作物往往病虫害易互相传染，应避免同科蔬菜作物轮作。

③ 有利于改进土壤结构、提高土壤肥力的作物相互轮作。

如根系深浅不同的作物轮作，深根作物可以利用由浅根作物溶脱而向下层移动的养分，并吸收深层土壤养分。轮作可借豆科作物根瘤菌的固氮作用，补充土壤氮素。禾本科作物有庞大根群，可疏松土壤、改善土壤结构。瓜类和韭类能遗留较多的有机质，改善土壤。

因此在轮作中可先种植需 N 较少的豆类蔬菜，再种植需 N 多的白菜类、茄果类、瓜类，往后是需 N 较少的根菜类和葱蒜类，然后再种植豆类蔬菜。

④ 注意不同蔬菜对土壤 pH 值的要求。

各种蔬菜对土壤 pH 值的适应性不同，轮作时应注意。如甘蓝、马铃薯能增加土壤酸性，而玉米、南瓜等能降低土壤酸性，所以对土壤酸性敏感的洋葱等作物，作为玉米、南瓜的后作可获高产，作为甘蓝的后作则减产。另外，豆类的根瘤也会留给土壤较多的有机酸，连作会导致减产。

⑤ 考虑到前作对杂草的抑制作用。

如胡萝卜、芹菜等生长缓慢，易造成草荒；葱蒜类、根菜类也易受到杂草危害；而南瓜、冬瓜等对杂草抑制作用较强，甘蓝、马铃薯等也易于消除草荒，可相互轮作。

（三）轮作与连作的年限

根据轮作原则，蔬菜种类不同，轮作年限也不同。如白菜、芹菜、甘蓝、花椰菜等在没有严重发病的地块上可以连作几茬，但需增施有机肥。需2~3年轮作的有马铃薯、黄瓜、辣椒等；需3~4年轮作的有番茄、大白菜、茄子、甜瓜、豌豆等；需5年以上轮作的有西瓜等。一般地，十字花科、伞形科等较耐连作，但以轮作为佳；茄科、葫芦科、豆科、菊科蔬菜连作危害大。

总之，蔬菜作物的间作、混作、套作与轮作要科学、合理地搭配，从而有利于作物间的互利互补，促进各作物的正常生长，提高栽培效益。

第二章　一地多种蔬菜高效种植技术

一、一地多种蔬菜露地高效种植技术

1. 春马铃薯/青玉米—秋菠菜*

(1) 茬口安排

马铃薯于3月中上旬播种，6月中上旬收获；青玉米6月上旬播种，8月下旬收获；秋菠菜9月初播种，11月开始收获。

(2) 栽培要点

春马铃薯选择早熟、高产、抗病脱毒品种，如荷兰7号、荷兰15、早大白等，用种量100~150kg/亩（1亩≈667m^2）。马铃薯块茎膨大，需要疏松、肥沃、透气的土壤，因此可在初冬将预留地进行深耕冻垡，耕深在30cm以上，播种前细耙。施足基肥，马铃薯需肥量较大，特别对钾元素吸收较多，因此一般每亩需施土杂肥3 000kg以上、45%硫酸钾型复合肥50kg左右。做垄栽植，垄宽60cm，高15~20cm较为适宜。种薯一般催芽15~20天，芽长1.5cm左右时即可取出晾芽播种。播种时于垄上开沟，沟深10cm左右，播种穴距20~25cm，每亩栽植4 500~5 000株。其后垄上覆盖地膜，四周压严压实以保温保湿。

春玉米选用适口性好、口感糯香、味甜质佳品种，如鲜糯2号、苏玉糯2号等。6月上旬，玉米顺马铃薯栽培垄，播种于垄沟中，播种株距25cm，每穴播种2~3粒，留苗1株，每亩栽植4 000株左右。

---

* 为方便起见，本书中各栽培制度用相应的符号来表示，“—”表示接茬栽培，“//”表示间作，“/”表示套作，“*”表示混作。

播种时每亩用磷酸二铵 5kg 作种肥促前期苗壮，干旱时需带水播种，以确保全苗。马铃薯收获后有针对性地采取培土、浇水等措施以缓解收获马铃薯对玉米造成的伤害。及时间苗、定苗、查苗、补苗，受伤严重的进行换苗，保证苗全、苗壮。玉米六叶期结合中耕除草追施拔节肥，十二叶期追施穗肥，施肥量为每亩尿素 50kg、45%复合肥 25kg，追肥后进行清沟培土，既可保肥又可防倒。在玉米果穗中部籽粒手掐有少量白浆时，即可分期分批采摘上市。

秋菠菜选择早熟、叶片肥大、不易抽薹、生长迅速的大叶型菠菜品种，如荷兰菠菜。玉米收获后及时清理田间残留物质，再施足基肥，亩施腐熟人畜粪肥2 500kg 以上、45%复合肥 30kg、尿素 30kg 或碳酸氢铵 50kg，然后耕翻耙平做畦。采用平畦种植，畦宽 1. 5m 左右，确保能排能灌。每亩用种量 3~4kg，播种量不宜过大，否则苗期生长过密，下部叶片易发黄腐烂。一般播后 60 天即可开始采收，11 月底收获结束。

此模式每亩可产马铃薯 2 000 kg 左右、玉米青果穗 1 000 ~ 1 500kg、菠菜1 500kg 左右。

2. 地膜大蒜—夏黄瓜—秋萝卜

（1）茬口安排

大蒜 9 月中下旬播种，第 2 年 5 月中下旬收获；夏黄瓜 5 月下旬播种，8 月中旬拉秧；秋萝卜 8 月中旬播种，11 月中下旬收获。

（2）栽培要点

大蒜品种可选用苍山大蒜。前茬作物收获后，耕翻土壤，每亩施优质腐熟有机肥4 000kg、45%氮磷钾复合肥 30kg，结合施肥再施入 2. 5%辛硫磷粉 2~3kg，防治地蛆等地下害虫。一般行距 20cm、株距 15cm，播种深度 3~4cm，深浅、行距、株距要均匀，播后整平畦面，覆盖地膜，地膜四周用土压紧。当大蒜出苗 50%以上时应及时破膜引苗，防强光灼苗。出齐苗后浇 1 次水，根据天气情况适时浇封冻水，适量追肥。春节后及时浇返青水，每亩结合浇水冲施尿素 20kg。蒜薹收获后蒜头进入膨大期，应及时浇水，保持地面湿润，收获前一般浇水 2~3 次。

夏黄瓜选择应以耐热、抗病、优质的品种为主，如津春四号、津春五号、津优 40 等。大蒜收获后，将黄瓜种子点播于畦上，行距 70cm，穴距 25cm，每穴播种 3~4 粒，每亩留苗3 500株。黄瓜苗有 3~4 片真叶时及时定苗。定苗后浅中耕 1 次，结合浇水每亩施入平衡型大量元素水溶肥 3~5kg，促苗早发。此后及时搭支架、引蔓。搭架可采用“人”字形架，以畦面中央为中心搭架。引蔓宜在晴天下午进行，使枝蔓分布均匀，每隔 3~4 天引蔓 1 次。生长期及时追肥，保证水肥充足。

秋萝卜可选用郑研 791、郑研大青等优良萝卜品种。秋萝卜宜在 8 月中旬播种，一般采用直播法，每穴播种 3~4 粒，株距 25cm，播种深度 1~1.5cm。幼苗 4~5 片真叶时定苗，每穴留苗 1 株。萝卜生长前期正处于高温多雨季节，应及时中耕锄草，掌握“先浅后深再浅”的原则，定苗后第 1 次中耕要浅，划破地皮即可，以后适当加深，尽量避免伤根，防止烂根。肉质根开始膨大时，结合灌水追肥，每亩追施复合肥 15~20kg。肉质根生长盛期每亩再追施尿素 10kg，促进肉质根生长。收获前 5~6 天停止灌水。当肉质根充分肥大后即可收获，储藏的萝卜应在上冻前及时收获。

此模式一般每亩可产大蒜1 000kg 左右、黄瓜4 000kg 左右、萝卜5 000kg 左右。

3. 地膜大蒜//菜用糯（甜）玉米—夏秋大白菜//甘蓝

（1）茬口安排及田间布局

大蒜间套早熟菜用糯（甜）玉米，大蒜：10 月中上旬播种，5 月上旬采收蒜薹，6 月蒜头上市；菜用糯（甜）玉米：4 月初播种，7 月初鲜玉米即可分批采收上市。夏秋大白菜间套甘蓝，大白菜：7 月中旬大田直播，9 月中旬采收分批上市；甘蓝：6 月中旬播种育苗，7 月下旬定植，9 月上中旬分批上市。

大蒜套种菜用糯（甜）玉米：做 1m 宽的畦，在畦中间直播大蒜，株距 15cm，行距 20cm，种 3 行，每亩栽约13 000株，糯（甜）玉米直播于畦面两侧，株距 30cm，行距 80cm，每畦种 2 行，每亩栽约4 000株，玉米行与大蒜相距 20cm。夏秋大白菜间套甘蓝：在大蒜和玉米收获后整地施肥，甘蓝定植于畦面两侧，株距 40cm，行距 90cm，每亩栽约2 800株；大白菜定植于中畦间，种植 2 行，株距

40cm，行距 30cm，每亩栽约2 800株。甘蓝与白菜行相距 30cm，错窝栽培。

（2）栽培要点

大蒜选用“宋城白皮蒜”“沧山大蒜”“安丘大蒜”等品种。整地作畦，深翻土地 20~25cm，翻后耙细耙平，耕地前每亩施优质厩肥4 000kg，三元复合肥（N-P-K=15-15-15）25~30kg，畦宽100cm。在畦中间直播大蒜，株距 15cm，行距 20cm，种 3 行，播种深度 3~4cm，播后整平畦面，覆盖地膜，地膜四周用土压紧。当大蒜出苗 50%以上时应及时破膜引苗，防强光灼苗。

玉米选用品质好、抗病虫、产量高的菜用糯玉米品种，如“郑黑糯 1 号”“郑黄糯 2 号”“雪糯 8 号”，甜玉米品种有“超甜 2000”“都市丽人”。在畦面两侧直播，穴距 30cm，每穴播种 2 粒。留苗 1 株，每亩栽植4 000株左右。在玉米果穗中部籽粒手掐有少量白浆时，即可分期分批采摘上市。

夏秋大白菜选择耐热、抗病虫的品种，如“鲁白 6 号”“CR 盛夏”“夏养白”等。一般大田直播，如育苗移栽，幼苗 4~5 片真叶时即可定植。间作的夏秋甘蓝选用耐热、丰产、抗性强的品种，如“夏王”“夏光”。育苗移栽，幼苗 5~6 片真叶时，选阴天下午带土定植。白菜、甘蓝定植后立即浇定植水。定植存活后每亩穴施尿素20kg，酵素菌粒状肥 100kg；莲座期再追肥 1 次；结球期根据植株长势追施复合肥或尿素 1~2 次，并用 0.2%磷酸二氢钾液叶面喷施 2次；注意防治霜霉病、软腐病、病毒病、蚜虫、菜青虫、小菜蛾等病虫害。

此栽培模式亩产大蒜 700kg 左右、糯（甜）玉米青果穗亩产量1 000~1 500kg、大白菜亩产量4 000~5 000kg、甘蓝亩产量2 500~2 800kg。

4. 大蒜/西瓜/糯玉米

（1）茬口安排

按 2.8m 一个播带，畦面宽 2.3m、畦埂宽 0.5m 作畦，9 月下旬至 10 月上旬在畦内靠一边播种 9 行大蒜，另一边留 1m 左右的预留行；翌年 3 月中旬在营养钵中育西瓜苗，4 月中旬在预留行中施肥整地后移栽 1 行西瓜，株距 30~40cm，亩种 700 株左右，6 月中旬西瓜开始收获；大蒜收获（5 月底）后，在畦内直播 4 行玉米，8 月底开始采收青玉米。

（2）栽培要点

大蒜应选择蒜头圆整，蒜肉洁白，硬度大的品种，如苍山大蒜、开封大蒜等。每亩施腐熟有机肥 3 000kg、大蒜专用肥（18-22-8）100kg、硫酸锌 1~2kg。整地时，耕深 20~25cm。9 月下旬至 10 月上旬播种。播种时用行距 20cm 的小麦播种机开沟，沟深 8~10cm，按 8~10cm 的株距点播，播深 3~5cm，播后浇足水，覆盖地膜。覆盖地膜时，地膜的膜面要绷紧，膜四周压入土中，以利蒜苗顶破薄膜伸出膜面。个别顶不破的要人工破膜引苗出膜。惊蛰以后，随着气温的回升，大蒜开始返青，这个时期要浇好返青水、追好返青肥。在浇返青水的同时，每亩追施三元复合肥 20kg。在立夏前，大蒜进入蒜薹生长期，此时是大蒜需水需肥的临界期，当蒜薹甩缨时，每亩追施尿素 15kg、磷酸二氢钾 3~5kg。以后适度浇水，采薹前 3~5 天停止浇水。蒜薹收获后，每亩施尿素 15~20kg，并及时浇水。之后保持畦面不干。收获前 1 周停止浇水。

西瓜应选用中早熟品种，如懒汉王、特大郑抗-2、金钟冠龙等。翌年 4 月中旬在预留行中开沟施足底肥，每亩施氮磷钾三元复合肥 15kg、尿素 10kg，之后覆盖地膜。视天气情况破膜打孔移栽 1 行西瓜。坐瓜前一般不追肥浇水。坐瓜后，在幼果长到鸡蛋大小时浇水施肥，每亩追施三元复合肥 35~40kg。结瓜后喷施叶面肥，以提高西瓜品质和产量。

糯玉米品种可选择垦粘一号。大蒜收获后，及时清秧除草，在畦内直播 4 行玉米，行距 60cm、株距 15~20cm，一般每亩留苗 3 500 株。播种后及时浇水，结合浇水每亩施入尿素 5~6kg，以提高出苗的整齐度和均匀度，培育壮苗；玉米 5~7 叶期，结合中耕和浇水，一次性每亩埋施（化肥一定要施入土壤深 10~15cm）尿素 10kg、过磷酸钙 25~30kg、硫酸钾 15kg；大喇叭口期，埋施尿素 30kg。糯玉米在乳熟末期黏而香，品质佳，适口性好，是最佳采收期。

此种植模式一般每亩蒜薹产量 150kg 左右，蒜头产量 800kg 左右，西瓜产量5 000kg 左右，糯玉米鲜果穗产量1 000~1 200kg。

5. 大蒜/黄瓜/豇豆

（1）茬口安排

大蒜地膜覆盖栽培，10 月初播种，5 月上旬收获蒜薹，5 月底收获蒜头。黄瓜 4 月上旬播种育苗，5 月上旬大蒜提薹后定植于大蒜行间，每畦栽 4 行，8 月中旬拉秧。豇豆采用直播栽培，7 月下旬黄瓜开始衰老时顺黄瓜行间播种，黄瓜拉秧后豇豆引蔓上架，9 月初开始采收，当地初霜前集中采收后拉秧。

（2）栽培要点

大蒜选择邳州白蒜或苍山大蒜，适宜播期为 10 月 5 日至 10 月 10 日。前茬作物收获后，应及时整地深翻，基肥应以优质有机肥为主，适当辅施化肥。每亩施充分发酵腐熟鸡粪等 5 000kg，氮磷钾三元复合肥 30kg。大蒜对铁、锌元素需求严格，每亩还要施铁肥、锌肥各 1kg。作畦：施肥后细耙作畦，大蒜作畦时要综合考虑 3 种蔬菜的密度要求，一般按 220cm 宽作畦，畦面宽 200cm，畦间沟宽 20cm，沟深 15cm。整平畦面，保证地膜覆盖平整，有利于蒜苗出土。大蒜地膜栽培播种密度不宜过大，以亩种植 2.8 万~3.0 万株为宜，即行距 20cm，株距 12cm。摆种时种蒜被腹线应与行向一致，出叶后叶平面与行向垂直，以充分利用光照，防止相互遮阴。播种适宜深度为 3.0cm，种蒜不宜种植太深，否则对蒜头膨大不利。蒜薹弯曲呈秤钩状及时采收。蒜薹收获后 15~20 天收获蒜头。

黄瓜选用“津优 40”“津春 8 号”等适宜露地栽培的品种，5 月上旬蒜薹收获后及时定植。每畦大蒜内定植 4 行黄瓜，行距 55cm，株距 30cm，每亩定植 4 000 株左右。蒜头收获后整畦，在原大蒜畦中间开一条深 20cm、宽 25cm 的浅沟，形成 2 个黄瓜畦，使每畦内有黄瓜两行，便于管理。黄瓜定植缓苗后，应及时搭架，引蔓上架，防止倒伏。定植缓苗后，顺畦沟内浇 1 次小水，至根瓜坐果前控制浇水。根瓜坐果后进行第 2 次浇水，配合浇水追肥，每亩施平衡型大量元素水溶肥 3~5kg。根瓜采收后，每采 2 次瓜浇 1 次水，每隔 1 次水施 1 次肥，亩施高钾型大量元素水溶肥 5kg。

豇豆宜选用早熟、耐热、耐旱、适应性广、嫩荚抗老化的品种，如“早豇王”“扬豇 40”“春柳”等。采用直播，7 月下旬摘除黄瓜下部老叶，顺黄瓜行向开穴点播。秋季豇豆生长势较弱，应适当增加密度，穴距 30cm，每穴播 3~4 粒种子。黄瓜拉秧后及时清除架材上茎蔓和畦面上的植株残体，将豇豆植株龙头均匀缠绕在架材上，防止折断。豇豆要分期及时采收，豆荚基本定形时即可采收上市，防止荚坠秧和豆荚老化。

此种植模式一般每亩蒜薹产量 350kg 左右，蒜头亩产量 1 200~1 500kg，黄瓜亩产量5 000~6 000kg，豇豆亩产量1 500~2 000kg。

6. 大蒜/糯玉米—秋大白菜

(1) 茬口安排

大蒜顶凌种植，3 月上旬播种，6 月中旬收获；4 月下旬套种玉米，7 月中下旬收获；秋大白菜 8 月上中旬播种在大垄上，11 月上旬收获。

(2) 栽培要点

大蒜选择高产、抗病性强的山东大蒜。春季顶凌播种，播期为 3 月上旬。冬前深翻土地，施入基肥，亩施腐熟圈肥3 500~5 000kg、45%三元复合肥 30kg。封冻前浇足冻水。播前精细整地，去除石块、杂草、塑料等杂物，南北向作垄，大垄宽 1.2m，栽 6 行蒜；小垄宽 60cm，种 2 行玉米。种蒜选择色泽洁白、顶芽肥大、无病无伤的一二级蒜瓣，每亩用种 35~40kg。播种时在作好的垄上开深 5cm 的沟，沟距 15~20cm。将蒜种栽入沟内，株距 10cm，播后覆土 3~5cm。大蒜宜浅栽，以不露头为宜，栽植过深出苗晚影响产量，蒜瓣的背腹线与行向平行为好。蒜叶见黄、假茎松软、植株倒伏时为蒜头收获适期。

糯玉米可选用“苏糯玉 1 号”“鲁糯玉 1 号”等。当 5cm 地温稳定达到 10℃时即可播种。4 月下旬至 5 月上旬为播种适期。在小垄上种 2 行玉米，行距 50cm、株距 25cm，亩密度掌握在3 000株左右，播种深度 2~3cm。亩施有机肥2 000kg、45%三元复合肥 30~50kg。糯玉米在乳熟末期黏而香，品质佳，适口性好，一般在 7 月中下旬收获。

大白菜选用北京新 3 号、四季青、赛绿等常用品种，玉米收获后及时整地施肥，亩施充分腐熟的优质有机肥2 000~2 500kg，氮磷钾复合肥 25kg，施肥后整平畦面。8 月上中旬直播栽培，按行距 60cm 开沟播种，播后覆土 1cm。幼苗 3~4 叶期进行间苗，5~6 叶期定苗，间除过密、拥挤及病弱残苗，每亩定植2 000~2 500株，在霜冻来临前采收完毕。收获后晾晒 2~3 天，稍作整理及时入窖。整个冬季要精细管理，保持适当的窖温，春节过后等价格上涨时售出。

此种植模式一般每亩蒜薹产量 300kg 左右，蒜头亩产量1 000~1 200kg，糯玉米青果穗亩产量1 000kg，白菜亩产量5 500~6 000kg。

7. 马铃薯/甜（糯）玉米—白菜

（1）茬口安排

马铃薯一般在 3 月中上旬进行整地播种，选用地膜覆盖种植，6 月中上旬便可收获马铃薯。甜（糯）玉米 4 月下旬播种，在马铃薯垄间沟底进行栽植，7 月中旬开始采收青玉米。玉米收获后，及时整地施肥，在 8 月上旬（二伏中期）田间直播白菜，11 月进行收获。

采用垄作栽培，以 1. 2m 宽的标准画线起垄，垄高 15cm，下垄底宽 90cm，上顶宽 60cm。垄上栽植 2 行马铃薯，行距 50cm，株距 20~25cm，亩保苗4 500~5 000株。垄沟底种植 1 行玉米，株距保持在 10~15cm，亩保苗4 500株，玉米距离马铃薯 35cm。玉米收获后，将玉米秸清除干净，再旋耕整畦，耙平畦面进行白菜播种，行间距 50cm，株距 45cm，亩栽植2 800株。

（2）栽培要点

选土壤肥沃、疏松的沙壤地。整地时亩施优质腐熟农家肥 4 000kg、复合肥 50kg、生物钾肥 3kg。马铃薯可选用丰产、抗病、早熟的东农 303、早大白、荷兰 7 号等品种；玉米选用郑黑糯 1 号、郑黄糯 2 号、雪糯 8 号品种；白菜选取品质好、抗病能力强、高产的北京新 3 号。

马铃薯种前要进行催芽，催芽时间 25~30 天。当芽眼长出 0. 5~1cm 芽时，即可切块播种（切块上需带 1~2 个芽眼），选用地膜覆盖的种植方法，有利于提前上市。播种深度为 15~20cm，播种过浅会造成马铃薯块膨大露出地表，颜色渐渐变成绿色，影响商品质量。玉米间作，播种时间大概在 4 月底，在垄间沟底进行栽植。玉米收获后及时整地施肥，进行白菜栽培。

此种植模式每亩可产出马铃薯2 000~2 500kg，甜（糯）玉米青果穗亩产量1 000~1 500kg，白菜亩产量6 000kg左右。

8. 露地春甘蓝/菜用甜（糯）玉米—秋萝卜

（1）茬口安排

早春栽培甘蓝3月中下旬定植，地膜覆盖栽培，5月中下旬收获。玉米4月中下旬在甘蓝行间套种单行玉米，7月上中旬收获鲜玉米。萝卜8月上旬种植，10月中下旬开始采收。

（2）栽培要点

早春栽培甘蓝应选用早熟、高产、耐低温、抗抽薹的抗病品种，如中甘21号、中甘192等。温室育苗一般在1月中下旬播种，苗高20cm左右，6~7片叶时即可定植。冬前或早春深耕前，亩施优质腐熟有机肥4 000~5 000kg，起垄前在垄沟内条施45%氮磷钾复合肥20~30kg。3月中下旬按100cm行距筑畦，垄高10~15cm，垄面宽70cm，覆盖70cm宽地膜。3月中旬外界平均气温稳定在6.5~7℃、10cm平均地温稳定在8℃左右时定植。定植时，在垄两边膜上打孔栽植2行甘蓝，行株距50cm×30cm，亩栽4 000~4 500株，边栽边浇水，随后用湿土封严膜口，以防跑墒降温，有利于缓苗促长。

玉米选用株型紧凑、高产稳产的多抗耐密型甜（糯）玉米，4月中下旬在甘蓝行间套种单行玉米，播种前选晴天晒种，可促进提早出苗和提高出苗率。玉米播种于甘蓝垄沟内，行距100cm、株距15cm，亩栽4 000~4 500株，7月上中旬分批采摘鲜玉米上市。

萝卜选用791、绿玉、超级郑研等品种。玉米采收后及时深翻土壤，精细整地，耙细耢平，使土壤上虚下实。筑高垄，垄宽30cm、高15cm，沟宽20cm，每垄种1行，株距25cm，播种深度1.5cm，每穴点种3~5粒。幼苗长有2片真叶时间苗，掌握早间苗、分次间苗、晚定苗的原则，一般间苗2~3次，去弱留强，拔除有病虫危害、长势衰弱、畸形、不具原品种特征的幼苗。每穴留苗2~3株，幼苗长有4~5片真叶时定苗，亩保苗5 000株。

此栽培模式甘蓝亩产量3 000~4 000kg，甜（糯）玉米青果穗亩产量1 000～1 500kg，萝卜亩产量5 000kg左右。

9. 矮生菜豆/鲜食甜（糯）玉米—西兰花

（1）茬口安排

4月上旬播种矮生菜豆，6月上中旬开始采收；4月中下旬套种鲜食玉米，7月中旬开始采收；西兰花7月上旬播种育苗，8月上旬移栽定植，10月中下旬花球达到标准及时采收。

（2）栽培要点

矮生菜豆选择优质、早熟、丰产、抗病品种。每亩施腐熟有机肥2 000～3 000kg，复合肥30kg，施后精细整地，整地后覆盖地膜，提高地温。4月上旬播种，行距80cm，穴距15～20cm，2～3粒/穴，播深2～3cm，播后覆膜。在豆荚由扁变圆，颜色由绿转淡，籽粒未鼓或稍有鼓起时采收，一般在播后60～65天开始采收。

鲜食玉米选择品质优、抗逆性强、丰产稳产的新品种，如苏玉11号、苏玉糯1502等。4月下旬5月初播种，行距80cm，株距15～20cm，1～2粒/穴，播深2～3cm。3～4叶时结合松土除草进行定苗，去掉弱小苗，每穴留1株健壮苗，发现分蘖及时去除。吐丝后23～26天，手掐有浓浆，果穗秃尖小于0.5cm时，带苞叶采收。

西兰花选择早熟、优质、适宜加工的品种，如优秀、碧绿依、炎秀等。忌与十字花科作物连作。前茬作物收获后，及时耕翻晒垡，至少晒垡15天以上。亩施充分腐熟优质有机肥2 000～3 000kg，复合肥30kg。施肥后深翻土壤25～30cm，做成高畦。畦宽0.8～1.0m，畦高0.2m。当幼苗4～5片真叶时定植，每畦定植两行，株距50cm，每亩栽植2 300～2 600株。以生产主花球为主的品种，应及时抹除腋芽。当花球长大，小花蕾充分膨大，花球边缘的小花蕾稍有疏散时，用利刀将花球连同下部10～15cm长的花茎一起割下。

此栽培模式菜豆亩产量2 000kg左右，甜（糯）玉米青果穗亩产量1 000～1 500kg，西兰花亩产量2 000kg左右。

10. 大蒜—青玉米/香菜

（1）茬口安排

每年的9月末到10月初开始种植大蒜，第二年5月下旬收获蒜头，大蒜收获后播种甜玉米，玉米9月初收获，玉米收获前的8月下旬在玉米畦里套种香菜，11月中上旬香菜收获上市。

（2）栽培要点

大蒜选用适合当地的良种，整地时每亩施优质土杂肥2 000~3 000kg，腐熟的饼肥70~100kg，配方肥50~70kg，深翻整平，按2m宽设畦。一般在9月末至10月初播种，顺畦开沟，直立摆种，行距20cm，株距13cm，深度4cm。在蒜薹长约25cm、总茎变白、尖部打弯时开始采收，一般在5月初。蒜薹采收后20天左右，叶片大多干枯，植株变得柔软，假茎不易折断，此时可收获蒜头。

青玉米选用“紫玉糯”。大蒜收获后，按行距80cm、株距20cm单粒播种玉米，种植后浇水，确保一播全苗。因前茬作物基肥施用量较大，玉米不再施苗肥，重施穗肥，在大喇叭口期追施复合肥40~50kg/亩。

香菜属于耐寒性蔬菜，适生范围广，性喜冷凉环境，生长适温为12~26℃，耐热性也较强，四季可种植。于8月下旬，将玉米植株下面的几片叶子打掉，浇上一遍水，翻整土地，种植香菜。到玉米收获时，香菜长到2~3cm时，把玉米秸秆清理干净，及时给香菜定苗，以株行距3cm左右为宜。香菜可于10月下旬到11月中旬收获上市。

此种植模式，一般每亩蒜薹产量350kg左右，蒜头亩产量1 000~1 200kg，青玉米果穗亩产量1 000~1 500kg，香菜亩产量1 500kg左右。

二、一地多种蔬菜拱棚高效种植技术

1. 大棚糯玉米//花椰菜/辣椒//豇豆—菠菜

（1）茬口安排及田间布局

花椰菜12月底设施内播种育苗，翌年2月下旬大棚内进行移栽定植，4月中下旬采收。糯玉米地膜覆盖直播栽培，于3月上旬播种，6月中上旬采收青玉米。辣椒3月上旬育苗，4月下旬定植，9月上旬拉秧清棚。豇豆一般7月中旬播种，8月底开始采收，9月中旬采收结束。菠菜9月下旬播种，元旦至春节期间分批上市。

2.4m宽一个播带，播带两端分别播种1行玉米，糯玉米穴距

40cm，每穴2株；2行糯玉米之间空档，栽种花椰菜3行，边行花椰菜距玉米60cm，花椰菜行距60cm，株距40cm，花椰菜收获后移栽辣椒3行，株距40cm；糯玉米采摘后上部留4~5片叶，下部叶全部去除，留糯玉米空秆架豇豆秧，在每穴糯玉米两侧20cm处各种1穴豇豆，每穴3株。待豇豆、辣椒采摘完毕后秸秆全部还田，整地后撒播菠菜。

（2）栽培要点

糯玉米选用郑白糯、中糯2号、苏糯玉1号、鲁糯玉1号等。每亩施入含氮、磷、钾各15%的硫酸钾型复合肥50kg、商品有机肥120kg、生物菌肥30kg，土壤药剂处理后，精细整地。划定播带，将玉米播种行开沟，沟深25~30cm，沟宽30cm。地膜覆盖直播栽培可于3月上旬播种，播种时将种子播在沟底中间位置，每穴3粒种子，穴距40cm。播种后覆盖地膜，膜宽60cm，两侧各压土15cm。苗后管理，播后8~10天出苗，出苗后在膜下生长30天左右将苗掏出，每穴留苗两株。在大喇叭口期亩追施尿素15kg，遇旱浇水，及时防治玉米螟。玉米螟应在小喇叭口期选用低毒农药进行防治，用药量尽可能小，避免乳熟期的果穗上残留农药，以生产无公害的糯玉米产品。在乳熟后期（一般为授粉后的22~28天）及时采摘上市。

花椰菜选用徐州80等高产优质品种，12月底设施内播种育苗，翌年2月下旬进行移栽定植。移栽前亩用72%异丙甲草胺乳油100mL加水30kg喷施地面（包括玉米播种沟）进行封闭除草，然后覆盖地膜。覆盖地膜应于定植前一周左右进行，以提高地温。一般在日平均气温稳定在6℃以上，幼苗7片叶左右进行移栽。移栽时边行花椰菜距玉米行60cm，花椰菜行距60cm，株距40cm。出花前20天追施复合肥20kg，遇旱浇水。在花球横径5cm左右时，把靠近花球的外叶折断，覆盖花球，以避免阳光直射，保持花蕾洁白。花球充分长大还未松散时是最佳的采收时期，一般在4月中下旬采收上市，收获时要保留4~5片叶，以免储运中损伤。

辣椒选用墨秀3号等早熟牛角椒品种，3月上旬育苗。花椰菜收获完毕后及时施肥整地，亩施入含氮、磷、钾各15%的硫酸钾型复合肥30kg、商品有机肥120kg、生物菌肥30kg，地面整平后亩用72%

异丙甲草胺乳油 100mL 或 33%二甲戊灵乳油加水 30kg 喷施地面进行封闭除草，每个播带栽辣椒 3 行，行距 60cm，株距 40cm。辣椒定植后，需连浇 2 次水，确保成活，促苗早发。以后根据土壤墒情，干旱时小水勤浇，保持见干见湿，切忌大水灌。第 1 次采收后每亩追施复合肥 15~20kg，间隔 15 天后每亩再追施复合肥 15~20kg。青椒在花谢后 15~20 天即可采收上市。

豇豆选用绿冠等高产优质豇豆品种，利用糯玉米秸秆架豇豆，在糯玉米采摘后根据豇豆上市时间进行播种，避开市场供应高峰期。一般 7 月中旬播种，播后 40 天结荚，50 天可进入采收盛期（80%），播后 2 个月即可采摘结束。

菠菜选用冬菠 1 号等优质杂交菠菜品种，待豇豆、辣椒采摘完毕后秸秆全部还田，整地后撒播菠菜。每亩播种 2kg，9 月中旬播种，元旦至春节期间分批上市。

该模式鲜食糯玉米亩产 3 000穗左右、花椰菜亩产量 3 000kg 左右、鲜辣椒亩产量 3 000kg 左右、豇豆亩产量 1 000kg 左右、菠菜亩产量 1 500kg 左右。

2. 秋延后芹菜—大棚苋菜/豇豆

（1）茬口安排

芹菜于 8 月底到 9 月上旬育苗，10 月上中旬定植，元旦期间上市。苋菜于翌年 2 月中下旬直播，3 月中下旬开始分期分批上市。豇豆于 2 月中旬营养钵育苗，豇豆苗高 6~8cm、真叶露尖时定植，4 月底到 5 月上旬开始采收上市。

（2）栽培要点

芹菜选用抗病、丰产、商品性状好的芹菜，如“黄嫩西芹”“双港西芹（文图拉西芹）”等。整地前每亩施优质腐熟畜禽粪肥 2 500~3 000kg、45%优质复合肥 25~30kg、硼砂 500g 作基肥，肥土充分混合均匀，整细、耙平、作畦，一般 6m 宽的大棚做成 2 畦，畦高 20cm，中间留 30cm 过道。当幼苗长到 15~20cm 高、5~7 片真叶时定植，栽植密度以行距 10cm、株距 6~7cm 为宜。根据市场销售情况，分期分批采收上市，春节前采收结束。

大棚苋菜选用适口性好、产量高、抗逆性强、耐寒、圆叶、彩色的“一点红”或“蝴蝶苋”，如大红袍、楚园大红等。芹菜腾茬后应立即耕翻晒垡，结合整地每亩施用优质腐熟畜禽粪2 500～3 000kg，整细、耙平后作畦，一般6m宽的大棚做成4畦，畦宽1.2m，沟宽0.3m；提前5～7天扣好小拱棚，以提高地温，确保齐苗。2月中下旬播种，撒播，每亩用种量3～4kg；苋菜春季栽培，易受低温影响，发芽时间较长，一般7～10天发芽。播前浇足底水，播后覆盖地膜，待出苗率达80%以上时揭去地膜，密闭大棚和小拱棚，保水，促苗。出苗后，若土壤含水量较低，可在晴天中午适当补水，保持土壤湿润。一般情况下，苋菜生产不需要追施大肥，可进行阶段性叶面追肥，幼苗长至2叶1心期追施第1次叶面肥，以后每次采收后补肥1次。苋菜的采收没有统一标准，一般在5片真叶期，即待苗高达13～16cm时，结合市场行情，陆续采收。苋菜早春茬栽培，病虫害较少。白锈病是较易发生的病害，可于播前用种子质量0.2%～0.3%的64%杀毒矾（噁霜·锰锌）可湿性粉剂500倍液拌种消毒预防；苋菜生长期若出现病情，可于发病初期用58%甲霜·锰锌可湿性粉剂500倍液防治。

豇豆选用叶片较小、节间稍短、结荚容易、耐寒耐弱光性较强的“杨早豇12”“邦达1号”“常早豇1号”等。在第一批苋菜收获后，抢晴天将豇豆苗套栽于苋菜畦中，定植前喷药，做到带药入田。每畦种2行，株距20～25cm。边定植边浇水边盖小拱棚，闭棚促活。若无高温天气，1周内无须揭膜放风。为缩短苋菜、豇豆共生期，大棚苋菜一般只采收2次，第2次收获后，灭茬、净地，看苗浇1次稀薄人粪尿或结合灭茬每亩施高浓度复合肥15～20kg。当豇豆藤蔓长至50cm左右时绑蔓，待主蔓长到棚顶时打顶摘心，以增加前期产量。大棚豇豆定植后40～50天即可开始采收嫩荚，在豆粒略显时要及时采收，初期每3～4天采收1次，盛荚期每1～2天采收1次。

该栽培模式芹菜亩产量4 000kg左右、苋菜亩产量1 000kg左右、豇豆亩产量2 000kg左右。

3. 大棚苋菜/苦瓜—秋莴苣/春莴苣

（1）茬口安排

苋菜3月上旬播种，4月底始收，5月底拔园；苦瓜3月上旬套种于苋菜棚内，5 月底始收，7 月底采收完毕；秋莴苣 8 月中旬播种育苗，9 月上旬定植，10 月底一次性收获；春莴苣 10 月上旬播种育苗，11 月中旬定植，翌年 2 月底一次性收获。

（2）栽培要点

春苋菜可选大红袍，适时抢晴天播种。前茬作物收获后，三耕三耙，开沟作畦，一般按 2m 宽作畦，结合整地每亩施腐熟猪粪4 000~5 000kg，复合肥 50kg。施肥后用旋耕机进行耕作，使肥料与土壤充分混合。采取间播间收播种法，播种前一天，浇透底水，第二天用细耙疏松畦面，使其上虚下实，然后播种。播后立即覆盖地膜，加盖小拱棚，密闭保温，每亩播种量为 2~2. 5kg；采收 2 次后进行第 1 次补种，每亩用种 1kg；如果行情好可补种多次，每次每亩补种量为 0. 5kg。采收标准：株高达到 15cm 左右，8~9 片叶时，间大苗上市，并注意留苗均匀以提高产量。

苦瓜选择市场适销，耐热性强、耐湿、耐肥、抗逆高产的优质品种，如绿秀、碧玉、碧齐力、台湾大肉等。与非瓜类作物轮作 3 年以上（否则应选用嫁接苗），在棚两边按株距 1. 5m，行距 4m，套种于苋菜畦内，择晴天抢栽，亩栽 220 株左右。定植缓苗期应将棚膜密闭，提高棚内温度，促进植株早生根。4 月中旬以前气温较低，以保温为主，5 月下旬撤去裙膜。苋菜采收完毕，在苦瓜植株两旁开沟，沟施复合肥，每亩施用撒可富复合肥 50kg。苦瓜 5 月底始收，7 月底采收完毕。

莴苣选择青皮、青肉，耐寒抗病的品种，主要有青秀、香山飞雪、超级雪里松、种都青、笋王等。前茬作物收获后及时翻耕整地，每亩施腐熟厩肥3 000kg 加饼肥 100kg 或优质复混肥 25kg，然后再翻耕 1 次，按 1. 6m 宽作畦，要求深沟高畦，厩肥 1 次性施足。秋莴苣 9 月上中旬定植，苗龄 25~30 天；春莴苣于 11 月中下旬定植，苗龄 40~45 天。株距 30cm，行距 40cm，每亩定植4 500株左右，定植后浇足定植水，以利缓苗。保护地栽培的越冬春莴苣可在定植前后扣棚保温，以提早上市。

此栽培模式春苋菜亩产量1 500kg 左右，苦瓜亩产量4 000kg 左右，秋莴苣亩产量2 500kg 左右，冬春莴苣亩产量3 000kg 左右。

4. 大棚黄瓜//苋菜/苦瓜—莴笋

（1）茬口安排

春黄瓜 1 月中旬播种，3 月上旬定植，4 月中旬至 6 月上旬收获；苋菜 2 月下旬播种在大棚两边，4 月上旬开始收获；苦瓜 3 月中旬播种，4 月中旬定植，6 月上旬开始采收；莴笋 9 月下旬育苗，10 月中旬定植，翌年 1 月下旬至 2 月下旬收获。

（2）栽培要点

黄瓜应选用抗寒、抗病能力强，适合大棚种植的早熟品种。每亩施腐熟有机肥 4 000kg、复合肥 25~30kg，土肥混合均匀，作成 1.1m 宽高畦，畦高 20~25cm，畦与畦之间沟宽 30cm，按株距 30cm 打孔定植黄瓜，每畦 2 行。大棚两侧各留 1 畦，畦宽 1.5m，整细耙平，播种苋菜。黄瓜定植 40 天左右就可采收，根瓜应适当早收，6 月上旬采收结束。

苋菜 2 月下旬播种在大棚两边，播种后覆盖地膜。苋菜长到 15cm 左右时开始采收，以后每隔 4~5 天选大株或密集处间拔，每采收 1 次，浇肥水 1 次，以速效氮肥为主。

苦瓜生长期长且又要度过漫长的夏季，因此必须选择抗病、耐高温、产量高的品种，如比玉、碧秀等。3 月中旬，大棚内营养钵育苗，4 月中旬，苦瓜苗长到 3 叶 1 心时定植在大棚两边与苋菜套作，每 2 根骨架间栽 1 株苗，每亩栽 130 株左右。苋菜收完后及时中耕。5 月中旬，拆除大棚膜，在骨架上离地 1m 高处牵塑料绳，每隔 30cm 牵 1 根，引苦瓜蔓上架，1m 以下的侧蔓摘除，1m 以上的侧蔓上架。6 月上旬苦瓜蔓到达黄瓜顶部，此时黄瓜采收基本结束，将黄瓜植株清理出大棚。苦瓜从 6 月上旬开始采收至 10 月上旬天转凉结束，盛果期 100 天以上。

莴笋应选择耐寒、丰产、不易裂茎的品种。9 月中旬播种育苗，10 月上旬天气转凉后，苦瓜瓜型变小，生长缓慢，此时清除藤蔓，每亩施腐熟有机肥 3 500kg，深耕，作 1.5m 宽的畦，10 月中旬定植莴笋，株行距 30cm，11 月下旬及时扣棚，有霜冻时夜晚两边盖好，白天全部打开，防止窜苗。当心叶与外叶相平时即可采收，一般翌年 1 月中旬开始采收，2 月中旬春节前采收结束。

此栽培模式早黄瓜亩产量 3 500kg 左右，苋菜亩产量 400kg 左右，苦瓜亩产量4 000kg左右，莴笋亩产量3 500kg左右。

5. 大棚番茄—抗热青菜—青蒜—结球生菜

（1）茬口安排

番茄2月上旬播种，3月下旬至4月上旬定植，6月中旬至7月上旬采收；抗热青菜7月上中旬播种，8月采收；青蒜9月上旬直播，11月上中旬采收；结球生菜10月中旬播种，11月中下旬定植，翌年3月上中旬采收。

（2）栽培要点

番茄品种选择906、908、L-402、浙粉202、金棚一号、21世纪宝粉番茄、98-8、日本桃太郎、江粉2号等品种。每亩施腐熟有机肥3 000kg、45%氮磷钾复合肥25kg。肥料翻入土中捣细、混匀，6m宽大棚筑4畦，每畦连沟宽1.4m，深沟高畦，喷除草剂，铺地膜，四周封严实。3月下旬至4月上旬选晴好天气定植，每畦种2行，株距30cm，每亩栽2 400棵。

抗热青菜选择抗病、耐热、耐湿，株型紧凑、青梗、束腰、收尾，叶片椭圆形、鲜绿有光泽，生长速度快，商品性好、抗逆性强、产量高的品种，如日本华王、夏王、热抗青1号等。每亩施腐熟有机肥2 000kg、尿素30kg作基肥，6m宽大棚筑成3畦。做到深沟高畦，以利排灌。子叶展开时间苗1次，3片真叶时间苗1次，5~6片真叶时间苗1次，菜苗株距15~20cm，每亩栽8 000~12 000株。可用防虫网和遮阳网覆盖栽培，少用或不用农药。

青蒜选四川软叶子大蒜、成都二水早、嘉定大蒜等品种。每亩施1 500~2 000kg有机肥，耕翻作畦。6m宽大棚作2~3畦，畦面要平整。按行距15~20cm开浅沟，蒜瓣尖向上排在浅沟内，株距4~5cm，亩播蒜瓣150~200kg。

结球生菜品种选择耐寒的雷加西品种。定植前，清除残枝病叶和杂草，每亩均匀撒施腐熟有机肥3 000kg、含硫酸钾的三元复合肥50kg，机械深翻，整平作畦。苗4叶1心时按株行距30~35cm见方定植，亩种植3 500株左右。

此栽培模式番茄每亩产量3 500kg左右，青菜亩产量1 200kg左右，青蒜亩产量2 000kg左右，生菜亩产量1 200kg左右。

6. 大棚春黄瓜—空心菜—番茄

(1) 茬口安排

春黄瓜于1月中旬电加温育苗，2月下旬定植于大棚，4月上中旬至7月上旬采收。空心菜于6月中旬播种育苗，7月上旬定植，7月底到8月中旬分批收获。番茄于7月中旬左右播种，8月中旬定植，10月中旬至11月下旬收获。

(2) 栽培要点

春黄瓜大棚栽培时，应选择耐低温、耐弱光、早熟、丰产、抗病性强、商品性好、适应市场需求的优良品种。选没有重茬的大棚，每亩施腐熟有机肥3 000kg、三元复合肥50kg作基肥，翻入土中，旋耕时深度20~25cm，旋耕后平整土地。畦宽1.1m左右，畦与畦之间沟宽30cm，沟深20~25cm。整平畦面后铺地膜，苗龄35~40天定植，每畦栽两行，株距33cm，每亩栽2 500株左右。定植要选在晴天进行，同时搭好小拱棚，盖薄膜，夜间覆盖保暖物，定植最好在下午3时前结束，以利缓苗。缓苗后，白天温度25℃，超过30℃应立即通风降温，夜间不低于12℃。进入采收期后，保持白天温度25℃最为适宜，7月上旬拉秧。

空心菜应选择速生性好、品质好的品种，如“泰国空心菜”“白梗空心菜”等。每亩施腐熟有机肥1 000kg及三元复合肥30kg作基肥，土地耕翻，然后整细耙平，做成宽2米连沟高畦。空心菜发芽较慢，一般采用育苗移栽进行栽培，每亩播种量2kg，当秧苗有4片真叶时就可定植，苗龄一般不超过25天。定植前浇足底水，按株距13cm，行距30cm进行定植。定植缓苗后加强肥水，每4天浇1次水，并每亩追施复合肥15~20kg。当空心菜长出25~30cm时，可分批采收，每次采收后要适当浇水追肥，每亩追施复合肥5~8kg。

番茄应选用生长势旺的品种。7月中旬播种，采用保护地营养钵育苗，对减少病毒病有利。前茬收获后，应立即进行深翻、晒白，整地前每亩施腐熟有机肥2 500kg、45%氮磷钾复合肥25kg，6m宽大棚做4畦，畦宽连沟1.5m，深沟高畦。8月中旬定植，选阴天或晴天傍晚进行，每畦种2行，株距30cm，边定植，边浇水，以利于缓苗。10月中旬始收，10月下旬后，夜间放下两侧薄膜，关好门，不再通风。秋番茄采收期因温度低，果实转色慢，可采收青果后储藏，待变红后上市。

此栽培模式每亩可产早黄瓜3 500kg 左右，空心菜亩产量2 000kg 左右，番茄亩产量3 500kg 左右。

7. 大棚苋菜/苦瓜/大白菜—西兰花

(1) 茬口安排

苋菜 2 月中下旬播种，4 月上旬就可分批采收，5 月上旬采收完毕。苦瓜在 1 月下旬进行播种育苗，3 月中旬定植，6 月上旬开始采收，9 月底拉秧。大白菜在 4 月上旬要进行播种育苗，5 月中上旬定植，6 月上旬采收。西兰花 8 月下旬播种，10 月上旬定植，12 月下旬采收。

(2) 栽培要点

苋菜选择质地细嫩、颜色艳丽、品质好的优良品种，如“大红圆叶”。播种前每亩地块均匀撒施1 500kg 腐熟有机肥和 50kg 复合肥。土肥混合均匀，用细耙耙平，确保土壤上虚下实，之后播种苋菜。播种时要将浸种过的种子和干种子混合均匀后进行撒播，其中干种子和浸种种子的比例为 1∶1，播种后要及时加盖地膜。在 3 月中旬要注意保暖防寒，苗高 5cm 后，适当追施一些速效氮肥。4 月上旬可分批采收，5 月上旬采收完毕。

苦瓜要选择容易出售、品质优良的品种，如“碧秀”等。3 月中旬定植在大棚两侧，套种于苋菜田中，每亩定植 64 株。在苦瓜生长期间，要去除掉 80cm 以下的侧枝。4 月下旬，引蔓上架，在苦瓜坐果后，要加强水肥管理，每隔 10～15 天亩追施 15kg 的高效复合肥，以促进苦瓜的生长。此外，在苦瓜的生长期间，要格外注重病虫害防治，苦瓜生长到 6 月上旬就已成熟，可以采收，9 月底便可拉秧。

大白菜选择品质好、符合消费者需求的品种，如“丰抗 60”。大白菜在 4 月上旬用 128 孔穴盘进行播种育苗，5 月上旬，苋菜采收完毕后及时整地，5 月中上旬定植于苦瓜架下，定植密度为 30cm×30cm，亩平均定植5 500株大白菜。苦瓜为白菜遮阴，有利于大白菜的生长。在大白菜缓苗后进行施肥，可施清粪水，也可平均亩施 15kg 尿素，施尿素后要注意及时浇水，以免浇水不及时对大白菜产生危害。此外，还要注意病虫害防治，6 月上旬采收。

西兰花选择耐寒性强、冬季采收期长的优良品种，如“马拉松”。苦瓜拉秧后及时整地施肥，平均亩施有机肥2 000kg 和复合肥50kg，按株距 45cm、行距 50cm 的密度进行定植，每亩保苗3 000株左右。缓苗后，浇施一定的清粪水，也可随水追施尿素 15kg。在西兰花的花球直径生长到2~3cm 时，每亩随水追施 20kg 复合肥，在花球的形成中期还要以同样的方式追施复合肥。此外，在西兰花的生长期间，一定要确保土地的湿润，才能最大限度地提高西兰花的产量，12 月下旬及时采收。

此栽培模式苋菜亩产量2 000kg 左右、苦瓜亩产量3 000kg 左右、大白菜亩产量 3 500kg左右、西兰花亩产量2 000kg 左右。

8. 大棚苋菜—苦瓜—芹菜—生菜

（1）茬口安排

苋菜 2 月中下旬播种，5 月上旬采收完毕；苦瓜 5 月中旬定植，7 月中旬陆续上市，9 月上中旬采收完毕；芹菜 7 月中下旬播种，9 月中旬定植，11 月下旬陆续上市；生菜 12 月上旬温室内播种育苗，翌年 1 月上旬定植，2 月陆续上市。

（2）栽培要点

苋菜选用早熟品种，如楚园大红、大红袍等，以实现提早上市，取得较高经济收益。苋菜种子细小，一般采取直播。苋菜性喜水肥、不耐涝，故苋菜栽培宜选择前茬杂草少、地势平坦、有机质含量高、土质松软的沙壤土或壤土种植。肥力中等地块，整地前亩施充分腐熟有机肥1 500~2 000kg 或商品有机肥 300~350kg、芭田复合肥 50kg 作基肥，深耕 20cm 以上，作畦，畦宽 1.5~2.0m，耙平畦面，并保持土壤颗粒细碎，利于种子发芽。在 2 月中下旬播种，清明节到“五一”小长假期间上市。苋菜的采收没有统一标准，一般在 5 片真叶期陆续采收，结合市场行情，可适当提前。

苦瓜宜选择耐高温、高抗病、品质优良的长白苦瓜品种。5 月中旬定植，7 月中旬上市。苦瓜根系发达，要求土壤疏松透气、有机质含量高。因此，苦瓜设施栽培应深耕土地，每亩施充分腐熟有机肥3 000kg，适当增施磷钾肥 20kg，平整作畦，畦宽 150cm，每畦定植 2

行，行距 80cm，株距 40cm。采用钢架大棚设施栽培，覆盖一层网口密度 10cm×10cm 的尼龙网，供苦瓜爬蔓，可以极大地利用空间、促进通风、方便采摘。

芹菜选择耐高温、抗病性强的品种，如皇冠西芹、圣象西芹等。选择 3 年内未种植过芹菜、土层深厚、土壤肥沃的地块。中等肥力地块，每亩可施腐熟有机肥3 000kg、复合肥 50kg 为基肥。芹菜幼苗生长至 5~6 片真叶时即可定植。采用高畦丛栽法，畦宽 1. 5~2. 0m，每丛 3~4 株，株行距 13~15cm，可适当密植。定植后及时补浇定根水，利于移栽苗迅速缓苗。

生菜选择耐寒、丰产、抗病性强的品种，如热娜亚、绿秀等意大利生菜品种。早春栽培生菜适宜育苗移栽，利用地热温床育苗。幼苗 4~5 片真叶时，即可移栽定植。生菜根系较浅，对土壤有机质含量要求较高，因此种植时亩施腐熟有机肥3 000kg，并适量补充过磷酸钙 20kg 或三元复合肥 50kg。定植后浇定植水，散叶生菜株行距 10~15cm，结球生菜株行距 30~35cm。生菜定植后外界温度较低，需加盖小拱棚，夜间加盖覆盖物保温，将温度白天维持在 15~20℃，晚上不低于 5℃。

此种植模式苋菜一般亩产量可达1 500kg，苦瓜亩产量3 500kg 左右；芹菜亩产量2 500kg 左右；生菜亩产量1 000kg 左右。

9. 大棚冬苋菜/春瓠子—夏秋小白菜

（1）茬口安排

红苋菜 12 月中下旬播种，春节前后上市，翌年 4 月采收结束。瓠子 11 月下旬至翌年 1 月上旬营养盘播种育苗，2 月下旬在红苋菜中套种瓠子，5 月初上市，6 月底拉秧。7—10 月分批播种小白菜，从 8 月初开始分批采收，11 月底采收结束。

（2）栽培要点

红苋菜选择早熟、高产、汁液鲜红、茎叶柔软有弹性、口感好的优良品种，如一点红、大圆叶红苋菜。每亩施入腐熟有机肥5 000kg，加复合肥 25kg，将土耙细整平，并作畦，畦宽 1. 5~2m，每棚 4 畦。每亩用种量为 2~3kg。当幼苗长出 2~3 片真叶时追施 1 次速效肥，过 10~15 天再追施第 2 次，以后每采收 1 次，追肥 1 次，并以氮肥为主，每亩每次用尿素 2.5kg。当植株高 10cm 左右、有真叶 5~6 片时，就开始间拔采收。

瓠子选择早熟、高产、耐低温弱光、抗病能力好的品种，如绿领 3 号等。当瓠瓜苗有 3~4 叶真叶时进行定植，每畦定植 2 行，株距 50cm，每亩定植1 500株。定植后，结合浇水，用腐熟的稀粪水追施 1 次提苗肥。当第 1 个小瓜坐果后，追施 1 次促蔓促瓜肥，以后每隔 7~10 天追施 1 次促瓜肥，采瓜期每采收 1 次瓜，就需追肥 1 次。当幼果茸毛基本脱落，皮色变淡时为适收期。

夏秋小白菜选用适应夏季高温要求的耐热品种，如上海青、苏州青等。夏季小白菜播种一般在 7 月上旬至 10 月，多采用条播或撒播，每亩播种量为 450~500g。前作大棚栽培后，不拆棚，采用防虫网覆盖，晴天高温时，在棚顶加一层遮阳网降温。每亩用腐熟有机肥 1 500kg 或复合肥 25kg 作基肥。播种后 2~3 天出苗，幼苗开始“拉十字”时进行第 1 次间苗，当长出 4~5 片真叶时进行第 2 次间苗，间去病苗、弱苗。小白菜一般于播种后 25~35 天采收，可多次播种多次采收。

此栽培模式，红苋菜亩产量为 1 000kg 左右，瓠子亩产量为 2 000kg左右，小白菜亩产量3 000kg 左右。

10. 大棚早春花椰菜/越夏黄瓜—秋延迟芹菜

（1）茬口安排

早春花椰菜 1 月初在温室内育苗，2 月下旬移栽定植于大棚中，5 月下旬采收。黄瓜在 3 月初育苗，4 月上旬移栽于花椰菜畦埂斜坡上，利用花椰菜宽大的叶片为黄瓜苗遮阴以促进缓苗。秋延迟芹菜于 7 月下旬在阴凉处育苗，8 月底开始移栽定植，10 月上旬开始收获，11 月底采收完毕。

（2）栽培要点

花椰菜选择中早熟、抗寒性较强、适应性广、抗病高产的雪山系列品种，如雪山 1 号、白雪 2 号等优良品种。早春大拱棚花椰菜适时定植非常重要。定植时棚内温度过低影响缓苗，造成延迟上市，同时定植过早易造成先期显球，影响产量；定植过晚成熟期推迟，花球品质变劣。一般应选择连续 3~5 个晴暖天气之后且棚内日平均气温稳定在6℃以上的中午移栽为宜。为促进缓苗，定植后要闷棚3~5天，缓苗后开始在距地面1m左右高度通腰风，通风量由小到大，使棚内温度白天在15~20℃，夜间在5~10℃。后期折叶盖球时应注意使用新鲜无病的叶片经晾晒1~2天之后再盖球遮阴，避免采用新鲜叶片时叶柄所流出的汁液致使花球感染病菌。

黄瓜品种宜选用生长势及抗病性强、耐高温、结成性好、瓜条色深绿，刺瘤小或稀疏的高产品种，如津润1号、津绿1号、新长条等黄瓜优良品种。当幼苗具3~4片真叶一心时定植。黄瓜定植后，中后期高温多雨季节连续生长结瓜期的管理是关键。在花椰菜田间定植黄瓜后，瓜苗易徒长，管理上应以控为主，前期建立强大的根系和培育健壮植株为主。花椰菜采收后再进入以促为主的结瓜管理。肥水管理上前期应以有机肥和微生物菌肥施用为主。生长中后期及时打掉老杈、黄叶，及时落蔓，增强通风透光，撤膜后不用人工授粉也能结瓜，但是辅助授粉能增加黄瓜的商品性。进入结瓜期要肥水充足，经常浇水，保持地面潮湿。

芹菜宜选用前期耐热、抗逆性好、生长盛期在高温强光下品质纤维变化小，叶柄耐老化的优良品种，如文图拉、高尤它、津南实心芹、玻璃翠等品种。芹菜育苗正处于高温多雨季节，应注意高温对芹菜出芽及徒长的影响。前期的管理要点是要注意种植密度要合理，一般掌握行距10~15cm，穴距10~12cm，每穴2~3株，每亩栽植35 000~40 000株；同时注意前期要加盖遮阳网。生长中后期注意夜间露水和霜冻造成的不良影响，提高植株抵御自然灾害的能力。管理上前期以控为主，尽快培育壮苗，中后期天气凉爽时以促为主，应经常小水勤浇，保持畦面湿润；随水每亩可冲施速效氮肥、钾肥15~20kg，促进增产。

此栽培模式，花椰菜亩产量为2 500kg左右，黄瓜亩产量为8 000~10 000kg，芹菜亩产量为5 000kg左右。

11. 大棚早春黄瓜/佛手瓜//生菜

(1) 茬口安排

早春茬黄瓜于2月上旬播种育苗，3月20日左右定植，4月中旬前后始收，6月下旬至7月初黄瓜拉秧。佛手瓜12月中下旬催芽，1

月上中旬播种，4 月上旬在大棚四周定植，每亩定植 25~30 株。9 月下旬以后陆续采收，11 月中旬采收完毕。佛手瓜前期生长缓慢，不影响黄瓜正常生长。黄瓜拉秧后去掉棚膜，以棚架为佛手瓜支架。生菜 7 月下旬播种，8 月下旬定植，此时佛手瓜瓜蔓爬满棚架，正好为生菜遮阴降温，9 月下旬至 10 月中旬生菜采收。

（2）栽培要点

早春茬黄瓜可选用津春 3 号、津优 5 号、津新密刺、鲁黄瓜 6 号等前期耐低温、弱光，适合于早春茬栽培的品种。塑料大棚定植前 20~30 天，应及早覆盖薄膜，扣棚烤地，以提高气温、地温。整地作畦，每亩施腐熟鸡粪 4 000~ 5 000kg，磷酸二铵 50kg，硫酸钾 25kg，深耕 25cm 以上，使土肥混合均匀，起垄并覆盖地膜。当棚内 10cm 地温稳定在 12℃时按株行距（20~25）cm×（55~60）cm 进行定植，每亩保苗4 500~6 000株。

佛手瓜一般选用绿皮品种。4 月上旬在大棚四周进行定植，定植前挖长、宽、深各 1m 的定植穴，穴距 3m。将 1/3 的穴土与 100kg 的优质腐熟有机肥和均衡的大量元素水溶肥 5kg 混合均匀填入定植穴中，上面再覆盖 20cm 厚的土层，将幼苗带土坨定植于穴中，覆土使土坨面与地面平，浇透水。每亩定植 25~30 株。

生菜可选用花叶生菜、意大利生菜、玻璃生菜等品种。黄瓜拉秧后及时整地，生菜需肥水较多，每亩可施用腐熟粪肥3 500~4 000kg，均衡型三元复合肥 50kg，施肥后深翻使肥土混合均匀，耙平。做成 1.2~1.5m 宽的平畦。按株行距 20cm×25cm 的距离定植。栽苗不宜过深，可使苗坨的土面略低于地面，栽后灌水。此时佛手瓜瓜蔓爬满棚架，正好为生菜遮阴降温，有利于生菜的缓苗、生长。

此栽培模式每亩可生产黄瓜 10 000kg 左右、佛手瓜 3 000kg 左右、生菜1 500~2 000kg。

12. 大棚甘蓝—番茄—菠菜

（1）茬口安排

甘蓝于 12 月中下旬播种，2 月中旬定植，4 月中下旬采收；番茄 4 月上旬播种，5 月上旬定植，9 月下旬拉秧；菠菜 10 月上旬播种，11 月下旬收获。

（2）栽培要点

春甘蓝选择抗病抗逆性强、商品性好的早熟品种，如“中甘21”等。每亩施用腐熟的农家肥3 000kg、三元复合肥（N-P-K=15-15-15）40kg、过磷酸钙40kg，深翻30cm。平畦定植，覆盖地膜。2月中旬定植，按株行距40cm×40cm开穴，按穴浇水，水渗后栽苗封穴，每3行为一畦，亩定植4 000~4 500株。叶球紧实后，分期采收上市，4月底采收完毕。

越夏番茄栽培选用耐热抗病、耐裂果、生长势强、连续坐果能力强的无限生长型中果型或大果型番茄品种。红果选用“齐达利”“德澳特7845”等品种，粉果选用“瑞星5号”“农1305”“天赐595”等品种。4月上旬播种，5月上旬大垄双行定植，株距35cm，每亩保苗2 200~2 500株。

秋菠菜栽培选用早熟、耐寒性强、生长迅速的大叶型菠菜品种，如“荷兰菠菜”“京菠1号”等。每亩撒施三元复合肥（N-P-K=15-15-15）50kg、尿素10kg，深翻30cm，作成1.5m宽的平畦。10月上旬播种，播种前浇足底墒水，按行距10cm、深1.5cm开沟撒播，亩用种量3~4kg。菠菜植株生长到35~40cm时采收。

此栽培模式每亩可生产甘蓝3 500~4 000kg、番茄4 000kg左右、秋菠菜1 500~2 000kg。

13. 大棚甘蓝—辣椒—菠菜

（1）茬口安排

甘蓝于12月下旬播种育苗，次年2月中旬定植，4月中下旬采收；辣椒3月下旬播种，5月上旬定植，9月下旬拉秧清棚；菠菜10月上旬播种，11月下旬收获。

（2）栽培要点

春甘蓝选择优质、高产、抗病、抗逆性强、商品性好的早熟品种，如中甘21等。及时清理上茬作物残体，每亩施用3 000kg腐熟农家肥、40kg三元复合肥（N-P-K=15-15-15）、40kg过磷酸钙，深翻土壤30cm。覆盖地膜，平畦定植。次年2月中旬定植，按株行距40cm×40cm开穴，浇透水，水渗后栽苗封穴，每3行为1畦，亩定植4 000~4 500株。叶球紧实后，分期采收上市，4月底采收完毕。

越夏辣椒选择抗病虫、耐高温、优质、高产、商品性好、适合市场需求的无限生长型品种，如康大301、国福208、国研1号。每亩撒施3 000kg腐熟农家肥、30kg磷酸二铵、20kg硫酸钾，深翻土壤30cm，充分混匀肥料和土壤。按宽窄行起垄，起垄后覆膜，垄高40cm、垄宽70cm、沟宽50cm，打穴浇水，穴距30cm，每垄定植两行，随水坐苗，待水渗下覆土。

秋菠菜选用耐寒性强、生长快、早熟的大叶型菠菜品种，如京菠1号、荷兰菠菜等。整地施肥每亩撒施50kg三元复合肥、10kg尿素，深翻土壤30cm，作成1.5m宽的平畦。10月上旬播种。播种前浇足底墒，按行距10cm、深1.5cm开沟撒播，亩用种量3~4kg。菠菜株高达到35~40cm时采收。

此模式一般每亩甘蓝产量3 500kg左右，辣椒每亩产量3 500kg左右，菠菜每亩产量2 000kg左右。

14. 大棚白菜//西瓜—甘蓝

（1）茬口安排

白菜2月上旬育苗，3月中旬定植，5月上旬开始采收；西瓜3月下旬育苗，4月下旬定植，6月下旬开始采收；甘蓝7月初育苗，8月上旬定植，10月中旬开始采收。

（2）栽培要点

早春大白菜适宜的生长季节较短，生育前期温度较低，结球期温度较高，所以，首要考虑早春抽薹及后期包球问题，要选用冬性强、早熟、耐热抗病、高产、优质的春季专用品种，如“豫新5号”“金锦”“CR新春”等品种。定植田亩施优质农家肥4 000kg，饼肥100kg，过磷酸钙20kg，尿素30kg。深翻、细耙、做垄，垄高15~20cm，垄宽60cm，沟宽40cm。选晴暖天气定植，连续定植四垄白菜，预留一垄备栽西瓜，每垄定植2行，株距40cm。采用带土坨护根方式定植，深度以“浅不露根、深不埋心”为原则。定植后，水要浇足、浇匀，洇透整个垄背，定植后覆盖地膜。进入5月，叶球完全抱合要及时收获，腾地利于西瓜瓜蔓生长。

西瓜选择抗逆性强、分枝力中等、易坐果、优质的西瓜品种，如“京欣1号”“天骄”“凯旋”等。3月中下旬设施内播种育苗，4月中下旬，在预留的瓜垄覆盖黑色地膜定植西瓜苗。一垄双行，株距60cm。定植深度以苗坨上表面与畦面齐平为宜，并封严穴口，随定植随浇水。

甘蓝于7月上中旬育苗，立秋前后定植，此期正是高温多雨、病虫害发生严重，防高温、防暴雨，控制好病虫害是育苗的关键。秋甘蓝的生长前期正是高温的季节，选用具有耐热、抗病、丰产、适应性强的并具较强抗寒力的品种，如“中甘8号”“中甘21号”“豫甘3号”“豫甘5号”等。西瓜收获完毕及时整地，每亩施充分腐熟的有机肥2 000kg，45%三元复合肥30kg、尿素10kg、硫酸钾10kg，深翻20~25cm，耙碎、整平，作成宽70cm、高20cm的高畦，畦间沟宽30cm。8月5日前后定植，株行距为50cm×50cm，浇透水，水渗后栽苗封穴，亩定植2 500株左右。

此模式一般每亩白菜产量3 500kg左右，西瓜每亩产量4 000kg左右，甘蓝每亩产量2 500kg左右。

15. 大棚苦瓜/甘蓝—黄瓜—菠菜

（1）茬口安排

甘蓝、苦瓜分别于年前12月下旬和1月上中旬育苗（甘蓝和苦瓜采用套种的形式，甘蓝要减少育苗量），甘蓝育苗后于2月中下旬定植，苦瓜于3月中旬定植。甘蓝于4月中下旬上市，苦瓜于5月上旬至7月底采摘。黄瓜于8月上旬直播，收获期推迟到11月上旬。到11月上旬直播菠菜，到第二年2月中下旬收割上市。

（2）栽培要点

苦瓜可选用长白苦瓜良种；在日光温室中1月上中旬进行育苗，每亩大棚用种量500g左右。定植前每亩施充分腐熟的有机肥5 000~6 000kg，氮、磷、钾复合肥25kg，草木灰10kg，把所有肥料深翻于定植沟内。一般沟距1.2~1.3m，定植沟宽50cm左右，沟内定植2行，株距60cm。每亩定植1 700~1 800棵，根据天气情况于3月中旬开始定植。

甘蓝选用中早熟品种中甘8号或中甘11号，甘蓝日光温室平畦播种，然后移植分苗，在12月中下旬播种。当苗长到2叶1心时，进行分苗，分苗密度以10cm×10cm为宜。注意预防低温导致先期抽薹。将育好的甘蓝苗（6~7 片叶）于 2 月中下旬进行定植。因和苦瓜套种，定植行距 1.2~1.3m，株距 35~40cm，每亩定植 1 300~1 400棵。定植前施足有机肥，定植后早期追施少量速效氮肥，每亩施硫酸铵 15~20kg。缓苗后，要肥水齐攻加速营养生长，保证前期营养充分，一般到 4 月上旬即可上市。

黄瓜品种可选用津春 5 号或津优 4 号；苦瓜 7 月底拉秧后就要整地，于 8 月上旬直播黄瓜。这时大棚黄瓜的管理应从两方面入手，一是前期高温多雨的管理；二是后期低温期的管理。秋茬黄瓜苗期正处于高温多雨季节，应注意防涝防病。到 9 月底 10 月初，随着温度的下降，要及时扣棚，保持棚内温度适中，促进黄瓜生长。这时还要加强水肥管理，11 月上旬拉秧。

菠菜选用本地牛舌状叶类的优种或选用日本大叶菠菜。黄瓜 11 月上旬拉秧后要及时整地，施足底肥。于 11 月中旬直播菠菜，可选用撒播或条播两种方法。当苗出齐后，要及时间苗、定苗，定苗后要少施氮肥并浇好越冬水，保证菠菜小苗带青越冬。到来年 1 月中下旬追肥浇水，追肥要以氮肥为主。2 月中下旬株高 20~25cm 时可收割上市。

此栽培模式每亩可生产苦瓜2 000kg 左右、甘蓝1 500kg 左右、黄瓜4 000kg左右、秋菠菜1 500~2 000kg。

16. 大棚水萝卜 * 小芹菜—西红柿

（1）茬口安排

1 月下旬同时点播水萝卜和撒播小芹菜，3 月底采收水萝卜，5 月初到 5 月下旬分批采收小芹菜。西红柿于 3 月中旬在日光温室中育苗，5 月下旬定植，8 月下旬开始采收，11 月上旬拉秧。

（2）栽培要点

水萝卜一般选用红水萝卜。播种前整地施肥，多采用点播，行距 18~20cm，株距 16cm，每穴 3~4 粒，在种子上覆盖 2cm 厚的细沙，播后浇水。一般播种后 50~60 天即可收获，收获时将萝卜拔出，洗净泥土，带叶捆成把即可上市。

小芹菜选用美国文图拉西芹。在点播萝卜的同时，撒播小芹菜。待萝卜收获后，对芹菜进行间苗，并及时浇水，结合浇水每次追施尿素 10~15kg/亩。一般播后 95 天左右，当芹菜长到 40cm 时即可分批收获。

西红柿选用澳卡福、迪抗等品种。于 3 月中旬在日光温室中进行育苗，结合整地，亩施充分腐熟的优质农家肥4 000~5 000kg、45%氮磷钾复合肥 15~25kg。采用高垄定植，垄宽 70cm、高 16~20cm，水沟宽 50cm，株距 40cm，每垄定植两行，每亩定植2 500株左右。

此栽培模式水萝卜亩产量2 000kg 左右、小芹菜亩产量2 500kg 左右、西红柿亩产量6 000kg 左右。

17. 大棚夏秋辣椒—秋芹菜—春生菜

（1）茬口安排

夏秋辣椒 4 月上旬播种，5 月下旬定植，7 月下旬至 10 月采收。秋芹菜 9 月中旬播种育苗，10 月下旬定植，翌年 2 月采收。春生菜 1 月上旬播种，2 月中旬定植，3~4 月采收。

（2）栽培要点

夏秋辣椒选择耐光、耐高温、抗病性好的中晚熟辣椒品种，如苏椒 5 号。选择未种过茄果类的大棚，在前茬收获后及时清理田间，深耕晒垡。施足基肥，每亩施充分腐熟优质有机肥3 000~4 000kg，三元复合肥（N-P-K=15-15-15）50kg，耕翻耙平，做成深沟高畦或按一定大行距开沟做成小高垄，覆盖地膜。5 月下旬至 6 月上旬选择阴天或晴天的傍晚进行定植，定植前搭上顶膜，遮阳网也可以视天气情况推迟一段时间再上。棚四周挖 50cm 深沟排水，筑 25~30cm 高垄定植，定植行株距 50cm×40cm。

芹菜品种有六合黄心芹、实心芹、玻璃脆、天津实芹、西洋芹等。在幼苗 5~6 片真叶、苗高 15~20cm 时及时定植，每穴栽 1 株，定植株行距 25cm×30cm。开沟栽植，栽插深度以土能埋住根茎为准，不埋心，以免影响发根及生长，边栽边封沟平畦，随后浇水。

冬春生菜选择耐寒性强、适应性强、晚抽薹的中早熟品种，如意大利生菜、玻璃生菜等。当幼苗有 5~6 片真叶时，定植在大棚中，结合整地，亩施腐熟的有机肥3 000kg、三元复合肥（N-P-K=15-15-15）50kg，深翻后整平做成平畦。定植株行距：散叶型生菜 20~25cm，结球型 30~35cm，若采收幼苗，按 10cm 株行距定苗即可。

此栽培模式每亩可产辣椒3 000kg左右、芹菜5 000kg左右、生菜1 500kg左右。

18. 大棚莴苣—番茄（茄子）//丝瓜//芹菜

（1）茬口安排

莴苣9月中旬播种育苗，10月上中旬定植，春节前后上市；番茄（茄子）12月中旬播种育苗，翌年2月中旬定植，4月中下旬上市，6月中旬清茬；丝瓜翌年1月中旬播种育苗，2月中旬定植，采收早的5月中下旬上市，晚的6月上市，可以一直采收到9月；芹菜可利用丝瓜遮阴，5月下旬播种，6月中旬定植，8月中旬上市。

（2）栽培要点

莴苣选择色青肉脆、耐寒、抗病性和商品性好的高产品种，如东坡青秀、冬春2号等。苗龄25～30天，幼苗5片真叶时进行定植，定植前每亩施用腐熟有机肥1 500～2 000kg、45%氮磷钾复合肥（N-P-K=15-15-15）20kg，深翻整地作高畦深沟，定植株行距30cm见方，每亩栽7 500株，气温高时覆盖遮阳网，促进成苗。

番茄选用金鹏1号、东圣1号等早熟性好、耐低温弱光、果型大、坐果率高、品质佳、商品性好、抗病性强的耐贮运品种；茄子选用果实灯泡形的为佳，主要有黑帅王、黑将军、辽茄等早熟、生长势强、产量高、抗病性强、皮紫黑光亮、适合冬春季保护地栽培的品种。定植前每亩施优质有机肥3 000～4 000kg、45%氮磷钾复合肥25kg，耕翻均匀，一般每亩栽3 500～4 000株，大小行栽植，大行距70cm，小行距40cm，株距30cm。

大棚丝瓜宜选用生长期长、适应性强的品种，主选品种为五叶香丝瓜。2月中旬，当苗龄达30天左右时，与番茄（茄子）同时定植，丝瓜定植在棚室两侧，距棚架支点内侧30～40cm，每根钢架底部栽一穴，每穴2株，每亩栽植240穴（480株）左右。番茄（茄子）和丝瓜定植后，视当地天气情况可及时加盖小拱棚及覆盖物。

芹菜栽培主要品种有津南实芹、玻璃脆芹。6月中旬，番茄（茄子）清茬后，芹菜苗高10～15cm，4～5叶时即可定植，定植前每亩施腐熟有机肥1 000kg、45%硫酸钾复合肥30kg，耕翻整平，株距12cm，行距15cm，每亩种植3.5万株左右，定植后浇水。芹菜栽植后，棚架上的丝瓜要向顶部引蔓，为芹菜遮阴。

此栽培模式莴苣亩产量4 500kg 左右、番茄（茄子）亩产量6 000kg 左右、丝瓜亩产量3 500kg 左右、芹菜亩产量4 000kg 左右。

19. 大棚春马铃薯—夏芹菜—秋番茄

（1）茬口安排

春马铃薯于12月下旬至翌年1月上旬播种，采用大棚加地膜覆盖栽培模式，4月下旬至5月上旬收获；夏芹菜于3月中下旬播种，5月下旬定植，8月中旬收获；秋番茄于8月下旬定植，10月中旬始收。

（2）栽培要点

马铃薯选用商品性好、早熟、产量高的优良脱毒品种，如费乌瑞它、郑薯五号等。于播种前15天将种薯切块催芽，单薯质量在20g以上，带1~2个芽眼，每亩种薯用量为190kg。整地时，每亩施腐熟有机肥5 000kg、三元复合肥（N－P－K＝16－16－16）50kg，深翻30cm，耙细后按80~85cm宽画线做畦，畦面宽55~60cm。每畦栽2行，株距30cm，按三角形栽植，播种深度为10cm，每亩栽5 500株左右。

夏芹菜选用高产、抗病、耐热性强、适应性广的FS西芹3号。一般每亩定植田施优质腐熟猪圈粪5 000kg、45%氮磷钾复合肥20kg、硼肥5kg，深翻后做成1.2~1.5m宽的平畦。夏芹菜由于生育期短，在定植时应适当密植，一般以行距20cm，株距15cm，每亩定植22 000株为宜。栽苗时要浅栽，切忌埋心，栽后随即浇水。由于夏芹菜生长期处在高温季节，因此要采用遮光率为75%的遮阳网遮阴降温，以满足芹菜生长的需要。

秋番茄生长前期高温多雨，后期又急剧降温，可选用中晚熟品种金冠F1、金棚1号，其优点是耐热、抗病、耐贮藏。大棚栽培一般于7月下旬至8月上旬播种，当苗龄达到20~25天，秧苗具有3~4片叶时为定植适期；定植前将田块深翻晾晒，每亩施入腐熟有机肥5 000kg、45%氮磷钾复合肥25kg，深翻整地后按80cm宽作畦，畦面宽60cm，每畦定植2行，株距35cm，每亩定植3 000株左右。

此栽培模式马铃薯亩产量2 500kg 左右、芹菜亩产量4 000kg 左右、番茄亩产量6 000kg左右。

20. 大棚春糯玉米/夏秋菜豆—冬春莴笋

（1）茬口安排

早熟糯玉米2月下旬播种，利用营养钵护根育苗，3月中下旬定植，6月中旬至7月上旬上市。夏秋菜豆6月下旬至7月中旬于玉米地内直播，利用玉米秸秆作架材，8月中旬至11月上旬反季节上市。冬春莴笋9月下旬至10月上旬育苗，10月下旬至11月中旬定植，翌年2月下旬至3月下旬上市。

（2）栽培要点

早熟糯玉米选用香甜可口、适宜菜用、耐寒性相对较强、适应当地气候的品种，如黄丝糯和筑糯5号等。定植幼苗2叶1心、主根未长穿营养钵底部时，于3月中下旬定植，整地按1.3m宽作畦，畦沟宽40cm，畦面宽90cm，畦高20cm，每亩施农家肥1 500～2 000kg，优质复合肥50kg作底肥，覆盖地膜，破膜单株定向移栽，每畦定植两行，大小行定植，畦面小行距50cm，株距30～32cm。玉米进入糯熟期时及时带苞叶采收上市。

夏秋菜豆选用耐热、抗病、丰产的荚用型蔓生品种，如泰国无筋豆等。糯玉米果穗采收后不用倒茬，清除畦沟杂草，在畦面顺行向两株玉米之间破膜打穴并施入农家肥，选用饱满菜豆种子，每穴播种3～4粒后覆土4cm，播种穴四周压严地膜，压膜不严，易导致膜内热气从孔溢出灼伤幼苗。播种时若天气连续干旱，畦内需灌水保墒，保证苗齐苗全。播种后及时剪除糯玉米下部叶片，留茎秆上部5～6片叶遮光降温，以促进菜豆出苗，菜豆抽蔓后剪去玉米穗以下叶片，上部保留2～3片叶并剪去叶长的1/2，以延长玉米生育期，提高玉米秆承载力。将豆蔓引到玉米秆上缠绕生长，以减少常规栽培竹竿架材费用和插架时劳动力投入。生长后期，菜豆根系活力下降，及时剪除部分老叶、病叶和枝蔓，剪叶以中下部的老叶为主，剪枝蔓以上部为主，嫩荚成熟后及时分批采摘。

冬春莴笋选用耐寒性较强、抽薹迟的品种，如耐寒二白皮、耐寒白叶等。前茬蔬菜采收后及时深翻整地作畦，畦宽80cm，畦高20cm，沟宽35cm，每亩施腐熟厩肥1 500～2 000kg、三元复合肥

30kg，覆盖地膜，破膜定植，株行距（30～35）cm×（30～40）cm。

此栽培模式青糯玉米亩产量1 000～1 500kg、菜豆亩产量2 000kg左右、冬春莴苣亩产量4 500kg左右。

21. 大棚早春甜瓜—秋延后辣椒—越冬菠菜

（1）茬口安排

早春茬甜瓜，2月下旬至3月上旬在日光温室内采用穴盘育苗，3月下旬至4月上旬定植，6月上旬开始采收，6月下旬采收结束；秋延后辣椒，6月上旬育苗，7月中旬定植，9月下旬开始采收，10月中旬采收结束；越冬茬菠菜，11月上旬播种，翌年3月上旬采收。

（2）栽培要点

甜瓜选择早熟、优质、高产、耐低温、适宜市场消费习惯的薄皮甜瓜品种，如红城7号、新富尔5号、富甜168、甘甜2号、永甜9号等。定植前每亩施腐熟农家肥3 000～4 000kg、三元复合肥（N-P-K=12-15-18）25kg作基肥。按垄面宽80cm、垄沟宽50cm、垄高20cm的标准起垄，采用双行定植，每亩定植2 400～2 600株。

辣椒应选择早熟、优质、高产、早期耐热、后期耐冷的辣椒品种，如陇椒2号、赛辣1号、航椒8号、改良2313螺丝椒等。甜瓜生产结束后及时清理瓜蔓，高温闷棚7～10天，结合整地施足基肥，每亩施腐熟农家肥2 000～3 000kg、45%氮磷钾复合肥25kg、生物菌肥（有效活菌≥2.0亿个·g^{-1}）40kg。辣椒的起垄覆膜标准与上茬甜瓜一致，采用双行双株定植，株距40cm，每亩定植5 500～6 000株。

越冬菠菜选用耐寒、高产、抗病、品质好的品种，如京菠3号、菠杂10号等。辣椒收获后及时灭茬，结合翻地每亩施入腐熟有机肥200kg、45%氮磷钾复合肥20kg，然后整平地块，采用开沟条播，沟距10～15cm，沟深1.5cm，播种后覆土镇压，越冬菠菜每亩用种量较大，每亩用种量8～10kg。

此栽培模式早春茬薄皮甜瓜平均亩产量2 000kg左右，秋延后辣椒平均亩产量1 200kg左右，越冬茬菠菜平均亩产量2 000kg左右。

22. 大棚大蒜//菠菜/糯玉米/秋黄瓜

（1）茬口安排

菠菜9月下旬播种，春节前上市。大蒜9月下旬播种，翌年5月底收获。糯玉米第二年4月中旬播种，7月上中旬上市。秋黄瓜在7月中旬播种，9月开始收获。此栽培模式中菠菜与大蒜间作，大蒜与糯玉米套种，糯玉米又与秋黄瓜套种。

（2）栽培要点

按畦面宽60cm、畦沟宽65cm、畦高15cm，进行整地作畦，既利于糯玉米通风透气，又便于两茬作物的灌溉。畦面种菠菜，多采用直播，以撒播为主，每亩播种子量3～4kg。畦沟种大蒜，按行距17cm，沟深10cm，株距7cm，开沟种植，播种深6～7cm，播种后覆土3～4cm，栽植20 000株/亩。菠菜收获后翻耕整平，用双行打孔器打孔，于4月中旬播种经过催芽的糯玉米，每穴2粒，每畦2行，行距50cm，株距50cm，亩栽2 500株。蒜头收获时将有机肥施入畦沟内，然后用土拌匀，耙平。糯玉米收获前5天，在畦底两旁，紧贴畦根和玉米旁，各种1行秋黄瓜，行距65cm，株距50cm，亩栽2 500株。

菠菜选用高产、优质的圆叶类型品种，如新西兰菠菜、京菠一号、绿秋、安波大叶等。大蒜选用宋城大蒜、宋城白皮蒜、沧山大蒜等。糯玉米选用种子时要求种子纯度和净度不低于98%，发芽率不低于90%，含水量不高于16%的优良种子，如郑黑糯1号、郑黄糯2号、雪糯8号等。秋黄瓜必须选择苗期耐热、后期耐寒、抗旱、抗涝、抗病、生长势强，对长日照反应不敏感，结瓜早、瓜码密，且收获集中、产量高、品质好的品种，目前，采用的主要品种有津杂3号、津研7号、中农8号等。

此模式一般蒜薹亩产量560kg左右、大蒜头亩产量900kg左右、菠菜亩产量1 000kg左右、糯玉米青果穗亩产量980kg左右、黄瓜亩产量5 000kg左右。

23. 大棚冬萝卜—春黄瓜—夏青菜—秋苋菜

（1）茬口安排

冬萝卜于9月中旬播种，2月中下旬采收结束。春黄瓜于1月下旬育苗，3月上中旬定植，6月中旬采收结束。夏青菜于7月上旬播种，8月中旬采收结束。秋苋菜于8月下旬播种，9月上旬采收结束。

（2）栽培要点

冬萝卜选择冬性强、品质优、产量高的品种，如白光、白雪春、白玉春等品种。在深耕晒垡的基础上每亩施腐熟有机肥3 000kg、复合肥30kg，培肥土壤，然后将8m宽的大棚整成4畦，6m宽的大棚整成3畦，每畦种6行。穴播，每亩播种量为100g，株行距25cm×30cm，每穴播2粒，覆土0.5cm。4片真叶后间苗，每穴留1株，7叶期至根系开始膨大追施一次磷钾肥，破土后保持土壤湿润，不能过干。中后期虽然气温较低，但需水量较大，要及时浇水。12月以后要经常密闭大棚，以满足萝卜对温度的要求。当萝卜肉质根长到0.5kg时即可上市，根据市场行情适时采收。

春黄瓜品种选择早熟、品质好、主蔓结瓜性良好的品种，如京研二号迷你黄瓜。在前茬收获后及时深耕晒垡，耙平后，8m宽的大棚整成5畦，6m宽的大棚整成4畦，畦中间开沟施肥，每亩底施腐熟有机肥3 000kg、复合肥20~25kg。3月上中旬按株行距40cm×40cm，双行错位定植，栽后以稀水粪作定根水，根边围上细土。定植2天后浇缓苗水，根瓜采收后加强肥水管理，以腐熟人粪尿为主，进入盛果期后每隔7天浇1次人粪尿。植株长到4~5片叶时开始吊绳引蔓，打掉所有侧枝，每节留1瓜。根瓜生长快，要及时采收。

夏青菜品种选择耐热、丰产性好的速生品种，如上海青、热抗青、早熟五号等优良品种。在黄瓜清茬后及时清洁田园，亩施有机肥2 000kg，深耕晒垡。每亩播种量为50g，种子播撒后用小耙子耙一遍，深1.5~2cm，确保种土混合，浇透水，盖上遮阳网，出苗后除去。因夏季温度较高，可适当拆除或卷起大棚四周的膜，四周盖上防虫网，以达到防虫和通风降温的作用。顶上覆盖遮阳网，早盖晚揭，早晚各浇1次水，出苗15天后浇1次稀水粪，播种后20天即可上市。

秋苋菜可选择适合本地消费习惯的红叶或青叶苋菜，前茬清茬后每亩施有机肥2 000kg，深耕晒垡，整畦同青菜。每亩播种量为400g，撒播。种子播撒后用小耙子耙一遍，确保种土混合，浇透水，盖上遮阳网，出苗后除去。苋菜生长较快，土壤始终保持湿润状态，出苗后15天结合浇水撒施1次尿素，隔5天再施1次，每次每亩用量为5kg，播种后25天即可上市。

此栽培模式每亩可收获萝卜3 000kg左右，黄瓜4 500kg左右，青菜1 000kg左右，苋菜800kg左右。

24. 大棚生菜—番茄—西芹

（1）茬口安排

1月初扣膜增温，2月下旬扣地膜，3月上旬定植生菜，4月底生菜采收。番茄3月下旬育苗，4月下旬定植，7月上旬开始收获，8月中旬收获结束。8月上中旬番茄采收结束后定植西芹，10下旬到11月上旬西芹收获。

（2）栽培要点

早春生菜选用生长快、产量高、商品性好的美国大速生。平整土地，每亩施优质有机肥5 000kg，三元复合肥30kg，用90cm宽地膜平铺地面，每膜中间留25~30cm耕作带，每膜4行，株距20cm，每亩定植7 000株。4月下旬，生菜每株长到0.3kg左右时及时采收。

番茄选用耐热、抗病、优质、高产、无限生长型的硬果番茄品种，如“百利”“格雷”等。定植前在通风口处铺设32~40目尼龙防虫网（网宽1~1.5m），生菜采收后采用高温闷棚、药物熏棚等方法对冷棚进行全面消毒，一般用25%三唑酮（粉锈宁）可湿性粉剂和50%多菌灵可湿性粉剂500倍液对地面进行喷洒消毒；每亩撒施腐熟有机肥3 000kg、三元复合肥25kg，深翻40cm，将地面耧平整细。按大行距80~90cm，小行距60~70cm开沟，沟深15cm，沟内集中撒施30~40kg生物菌肥，再用镐将沟内土混匀，然后沟内浇水；趁沟有水时赶紧栽苗，方法是在沟内两侧栽亩，将苗坨按在水中，沟内小行距60cm，株距50cm，每亩定植1 800株。

秋延后西芹选择文图拉或加州王等品种。一般在播种后40~50天，选大苗陆续定植，定植宜浅不宜深，过深影响发根和生长。苗高5cm左右按6cm行株距定植，而迟栽的大苗可按10cm见方丛植，每丛2~3株。

此栽培模式早春生菜每亩产量2 000kg左右、番茄产量6 000kg

左右、秋延后西芹产量5 000kg左右。

25. 大棚春豌豆/青玉米/青毛豆—秋莴苣

（1）茬口安排

每2m为一个组合，豌豆在11～12月播种，每组合播种豌豆4行，行距0.33m，剩下空幅播种玉米。玉米4月上旬套种于豌豆空幅内，5月上中旬豌豆收获完毕。5月中下旬青毛豆套种于玉米行间，青玉米6月底收获，青毛豆于8月上中旬采收；秋莴苣在7月底育苗，8月下旬移栽，11月上旬开始采收。

（2）栽培技术

春豌豆品种选择“中豌6号”。按行距0.33m进行条播，种植密度为每亩2.5万～3万株，亩播种量10kg。每亩施腐熟有机肥2 000kg，复合肥30kg，并做好地下害虫防治工作；花荚肥亩用尿素10kg；盛花期可叶面喷施500倍磷酸二氢钾，亩用量50～60g。

青玉米选用“紫玉糯”，于4月上旬播种。每亩施腐熟优质农家肥2 000kg加玉米专用复合肥40～50kg，单行双株，穴距0.20m，亩播种密度3 500株左右。盖土后喷除草剂除草，在玉米展开5～6片叶时追施玉米拔节肥，亩施人畜粪肥500kg或碳酸氢铵10kg。在玉米9～10片叶展开时追施玉米穗肥，亩施尿素20kg。在玉米大喇叭口期可用2.5%功夫菊酯（氯氟氰菊酯）1 000～1 500倍液灌心防治玉米螟。

青毛豆亩用复合肥20kg作基肥。行距0.60m，穴距0.25m，每穴种2粒，亩密度控制在5 800株左右。青毛豆花荚肥亩施尿素5～8kg，并叶面喷施磷酸二氢钾500倍液。结荚始盛期开始要做好豆荚螟防治工作，可用6%乙基多杀菌素1 500倍液进行喷施，一般连续防治2次。

秋莴苣选用“种都青”“特选三青皮”等。一般在7月底育苗，8月下旬移栽，移栽前清沟理墒，平整土地，亩用腐熟农家有机肥2 000kg加复合肥25kg作基肥，在浅耕平整后开移栽沟，株行距30cm×30cm，亩密度6 000株左右。成活后每亩浇施10kg尿素，深中耕。苗长出一轮新叶时，再追1次速效性氮肥。茎部开始膨大时施用速效性氮肥和钾肥追第3次肥，促进茎部膨大。

该栽培模式平均春豌豆亩产量 600kg 左右、青玉米亩产量 800kg 左右、秋莴苣亩产量4 000kg 左右。

26. 大棚秋番茄—生菜—春黄瓜

（1）茬口安排

秋番茄7月下旬播种，8月中下旬定植，10月下旬到12月下旬进行采收。生菜1月播种，2月中旬定植，3月中旬到4月上中旬采收，冬季温度偏低，利用大棚进行栽培，可提高产量，改善品质，保证生菜的冬季市场供给。春黄瓜2月下旬播种，4月中旬定植，5月中旬至6月下旬采收。

（2）栽培要点

大棚秋延后栽培番茄宜选高抗病毒病、耐高温、耐弱光、生产势强的品种，近年来主要品种有世纪粉冠王、世纪红冠王、金鹏3号等。尽量选择未种过茄果类的大棚，在前茬收获后及时清理田间，深耕晒垡。为防连作障碍，定植前进行高温闷棚处理，利用7—8月高温消灭棚内土传病虫害。施足基肥，亩施腐熟的有机肥3 000~5 000kg，施三元复合肥（N-P-K=15-15-15）25kg，耕翻耙平，做成深沟高畦或按一定行距开沟做成小高垄，铺上滴灌管并覆盖地膜。秋延后番茄一般在8月中下旬定植。此时正值高温时节，去掉大棚围裙，四周扣上防虫网，棚顶膜再覆盖遮阳网（以银灰色为佳，避蚜）。定植应选择阴天或多云天气的傍晚进行。采收一般在10月下旬至12月下旬。

大棚生菜应选择耐寒性强、适应性强、晚抽薹的中早熟品种，如散叶型意大利生菜、玻璃生菜、结球型生菜等。2月下旬定植，当幼苗有5~6片真叶时定植在大棚中。定植前7天扣棚增温，结合整地，每亩施腐熟的有机肥3 000kg、三元复合肥（N-P-K=15-15-15）30kg，深翻后整平做成平畦。定植株行距散叶型生菜20~25cm，结球型株行距30~35cm，若采收幼苗，按10cm株行距定苗即可。散叶型生菜生产期较短，定植35天后至老叶发黄前都可采收，结球生菜需要50~60天叶球长成后采收为宜。

大棚春季早熟黄瓜宜选择耐低温、耐弱光、抗病性强、分枝性弱、节间短、不宜徒长的早熟丰产品种，适宜品种有中农12号、津优30号、中农208、津绿4号等。黄瓜宜选用土层深厚、疏松、有机质含量高、排灌方便、3年以上未种过瓜类的田块。尽早翻耕冻垡，定植前亩施腐熟有机肥3 000~5 000kg、三元复合肥（N-P-K=15-15-15）25kg，充分旋耕。定植前整地，要求深沟高畦，铺好地膜，增温保墒。4月中旬定植，定植的行距为大行60cm，小行40cm，株距25cm。

该栽培模式秋番茄亩产量5 000kg左右、生菜亩产量1 500~2 000kg、春黄瓜亩产量5 000~8 000kg。

27. 大棚厚皮甜瓜—糯玉米—大蒜

（1）茬口安排

厚皮甜瓜在2月下旬育苗，3月中旬移栽，5月底至6月初上市；糯玉米在5月底育苗，6月下旬移栽，8月中旬收获；大蒜在8月下旬播种，青蒜春节前后上市。

（2）栽培要点

厚皮甜瓜选用伊丽莎白、蜜天下等优质高产品种；3月上旬栽植厚皮甜瓜前一次性施足有机肥，以腐熟后的鸡粪最佳。亩施腐熟鸡粪1 500kg左右、优质磷钾肥40kg，翻耙均匀后筑小高畦栽植厚皮甜瓜。2月下旬培育甜瓜苗，待瓜苗具有4~5片真叶时移栽，株距35~40cm。厚皮甜瓜爬地或架式栽培采用单蔓整枝，在主蔓有9~11片叶时留子蔓坐瓜，及时摘除其余子蔓。厚皮甜瓜开花授粉至采收需45天左右，白皮类型甜瓜果实变白时为采收适期。

糯玉米选用抗倒抗病性强、软甜糯香、品质佳优、口感好的品种，如鲜糯玉2号、中糯2号等。糯玉米苗高10~15cm时移栽，活棵后，亩施50%~60%人畜粪水80~100kg。喇叭口期亩施尿素15~20kg，加45%氮磷钾复合肥15kg，促抽穗、长大穗。7月中旬气温升高后，及时松土、除草、施肥，促发促长。糯玉米生长中后期注意防治玉米螟等害虫，抽雄期至收获期特别注意抗旱和雨后排水。一般鲜食甜糯玉米用指甲按进中下部玉米籽粒，略有白浆冒出即可分期分批采收。

大蒜选用生长势强、产量高、品质优的二水早品种。在8月下旬糯玉米收获结束后，及时施肥整地播种，施充分腐熟农家杂肥

2 000kg加45%氮磷钾复合肥30kg，翻耕耙匀耙细播种大蒜，亩用种量30~35kg。播种前低温处理蒜种6~7小时，大蒜播种株行距5cm×10cm，播种后用麦草秸覆盖，浇透底水。一般每畦栽8~10行，播种深度2~2.5cm。为增加青蒜茎秆长度，在播种后铺盖3~4cm厚的麦秸草。青蒜齐苗后，亩施人畜粪水1 400kg；青蒜2~3叶期，亩施尿素10~15kg，以利于青蒜苗生长。青蒜生长期间以小水勤浇为宜，收获前20天，亩施尿素10kg，促大蒜叶青嫩绿，提高上市质量。

此栽培模式一般亩产厚皮甜瓜2 300~2 500kg、糯玉米鲜果穗1 000kg左右、大蒜青苗2 500~3 000kg。

28. 大棚春马铃薯—青玉米—青大蒜

（1）茬口安排

春马铃薯于2月上旬播种，5月20日前后分期采收上市；青玉米于5月初制钵育苗，5月底前移栽定植，7月底前后即玉米开花授粉后18~23天采收；青大蒜于8月中旬开行点播，春节期间采收。

（2）栽培要点

春马铃薯以高产稳产、抗病性强、薯块整齐、适口性好的早熟品种为宜；基肥一次性施足，亩施腐熟粪肥2 000kg、高浓度复合肥40kg，施后深耕25cm。精整作垄，采用高垄双行地膜栽培，垄高20~25cm，垄距85~90cm。催芽后，芽长1~2cm时移植，株距25~30cm，播深10cm，栽培密度每亩5 000~6 000株。

青玉米宜选用优质高产、食味香甜的品种，当苗龄约20天、叶龄约4叶时移栽。马铃薯收获后及时整地施肥，亩施腐熟人畜粪或草木灰肥1 500kg、高浓度复合肥25~30kg，深耕20cm，拌匀肥土，整细划平。按行距60cm、株距25cm进行移栽，栽培密度以每亩4 000株为宜。

青大蒜选用产量高、抗寒耐冻、适宜当地的良种。8月中旬，待玉米采收后随即清茬施肥，亩施饼肥100kg、优质草木灰肥2 500kg、复合肥30kg，深耕20cm，拌匀肥土，整细划平，开行点播，行株距约为12cm×3.5cm，栽培密度约15万株每亩。为增加青蒜茎秆长度，在播种后铺盖3~4cm厚的麦秸草。青蒜齐苗后，亩施人畜粪水1 400kg；青蒜2~3叶期，亩施尿素10~15kg，以利于青蒜苗生长。

青蒜生长期间以小水勤浇为宜，收获前 20 天，亩施尿素 10kg，促大蒜叶青嫩绿，提高上市质量。

此栽培模式一般亩产马铃薯2 500kg 左右、青玉米鲜果穗1 000kg 左右、大蒜青苗2 500~3 000kg。

29. 大拱棚番茄—黄瓜—菠菜

（1）茬口安排

番茄 1 月初育苗，3 月初定植，5 中下旬上市，7 月初收完。7 月 5 日定植第二茬秋延后黄瓜，8 月初上市，9 月底采收结束。10 月初再种植第三茬菠菜，11 月中下旬开始采收。

（2）要点栽培

春茬番茄选择亚蔬系列、金粉系列等无限生长硬果型品种。定植前两个月开始育苗。定植前 10 天注意炼苗，每亩栽苗1 800棵。为了提高地温和棚内气温，新的棚膜在年前土地结冻之前扣好，每个棚面积大约 1 亩，定植前每亩施用腐熟粪肥4 000~5 000kg，氮磷钾（15∶15∶15）复合肥 25kg，大行距 1m，小行距 0.6m，株距 0.45m，定植后浇一次缓苗水，棚内增挂两层棚膜，来增加棚内温度。第一穗果长成核桃大小时进行第一次冲施肥，到第一次冲施肥时再浇水，期间不用浇水，以后 7~8 天冲施 1 次，施用高钾复合肥，每亩每次用量 10~15kg，或平衡型大量元素水溶肥，每次每亩用量 5kg。

秋延后黄瓜选择抗病、抗高温、丰产、优质、商品性好的优良品种，如津优 4 号等。采用直播育苗。第二茬黄瓜可不用施底肥，只用冲施肥，大小行距同以上番茄种植，株距 0.35m，每亩定植 2 000棵左右。由于定植前期，气温较高，棚内要采取降温措施。黄瓜适宜温度为白天 25~30℃，夜温 15~20℃。

秋冬菠菜选用越冬性强、耐寒性强、品质好、生长快、增产潜力大的品种，如冬月菠菜、菠杂 10 号、菠杂 9 号等。进行条播，一般每亩追施尿素 15~20kg。每亩用种 3~4kg，菠菜 2~3 片真叶时可间苗 1 次，苗距 3~5cm。

此栽培模式每亩番茄产量7 000~9 000kg、黄瓜亩产量为5 000kg 左右、菠菜亩产量一般在1 500~2 000kg。

30. 大棚鲜食大豆—小白菜—西兰花—菠菜

（1）茬口安排

鲜食大豆于3月初直播于设施内，6月初上市；小白菜于7月初直播，8月初一次性上市；西兰花于7月上旬集中育苗，待小白菜收获后移栽至设施内，10月中旬收获；菠菜于10月下旬直播，翌年2月下旬起收获。

（2）栽培要点

鲜食大豆选择优质、早熟的春播品种，如辽鲜系列、沈鲜系列等。鲜食大豆播种前7天，每亩施优质有机肥2 000~3 000kg、三元复合肥30kg，并深翻作基肥，覆盖棚膜保温。播种前1天平整土地，如遇土壤干旱，可适当浇底水。播种时按行距15cm、株距35cm开穴点播，每穴播2~3粒种子，播种完成后及时架设小拱棚。当大棚白天最高温度升至25℃以上时，可撤去小拱棚，并进行中耕除草。鲜食大豆生育前期一般不需追肥。开花期以后应重施肥，始花期、终花期应进行两次追肥，每亩每次施平衡型大量元素水溶肥2~3kg；鼓粒期可叶面喷施0.4%的磷酸二氢钾1~2次，以提高结荚数，促进籽粒膨大。鲜食大豆生育前期一般不浇水，以利根系发育；结荚期需水量增大，应保持土壤湿润，以利于植株生长和籽粒灌浆。当鲜食大豆豆荚肥大、籽粒饱满、包衣仍附着在籽粒上、色泽嫩绿时采摘，傍晚或清晨采收品质较好。

小白菜选择耐高温品种，如华冠、上海青、青梗316等。鲜食大豆收获离田后，及时施足基肥，基肥用量为亩施45%氮磷钾复合肥20kg、腐熟农家肥1 500~2 000kg。每标准棚做2畦，畦面平整。小白菜播种前将大棚裙边薄膜去掉，选用20~22目浅银灰色防虫网覆盖于整个大棚上。播种前1天畦内灌满水，播种时将种子和细土拌匀后撒播，播种后立即用遮阳网浮面覆盖，待小白菜齐苗后及时揭开遮阳网。由于小白菜生育期短（20~25天），在施足基肥基础上，施肥一般以勤施、轻施为佳，看小白菜长势，用尿素或人粪尿作追肥，前淡后浓，每隔6~9天施1次。小白菜生长过程中每天应早晚浇1~2次水，保证小白菜生长对水分的需求。小白菜一般于播种后20~25天一次性采收上市。

西兰花选择优质、中熟品种，如优秀、未来、胜绿等。7月10日左右采用穴盘育苗，苗龄30天左右即可移栽至大田。移栽前亩施腐熟有机肥2 500kg、硼肥1kg作基肥；基肥施入后整地作畦，一般畦宽1.2m；移栽后浇足活棵水。缓苗后中耕除草1~2次。西兰花现蕾前每亩穴施三元复合肥15kg；花蕾群膨大前期，每亩穴施三元复合肥30kg，施用后及时浇水。当西兰花花球直径达到12~14cm、单球重300g左右时为采收适期，应及时采收上市。

菠菜品种选择日本法莲草、急先锋等。西兰花收获后可播种菠菜。播种前每亩施腐熟有机肥3 000kg、复合肥30kg、过磷酸钙20kg作基肥。菠菜播种采用撒播法，每亩需种量8~10kg。菠菜长至2叶时及时进行间苗，间苗后视气候情况进行浇水追肥，促进幼苗粗壮。苗期追肥以腐熟人粪尿为主，生长盛期追肥2~3次，每亩每次追施尿素5~10kg。菠菜株高20~25cm时即可采收。收获时一般用刀沿地割起，然后扎把上市。采收时要做到“细收勤挑、间挑均匀”，应挑大留小，间密留稀，以利菠菜充分发棵，延长市场供应期。

此栽培模式鲜食大豆亩产鲜豆荚650kg左右、小白菜亩产量1 200kg左右、西兰花亩产量1 050 kg左右、菠菜亩产量1 800 kg左右。

31. 大棚油麦菜—番茄—结球甘蓝—菠菜

（1）茬口安排

油麦菜1月下旬育苗，3月上旬定植，4月上旬收获；番茄2月上旬育苗，4月上旬油麦菜收获后定植，6月上旬上市，8月上旬拉秧；结球甘蓝7月上旬育苗，8月上旬番茄采收结束后定植，10月上旬收获；菠菜10月上中旬前茬甘蓝收获后直播，翌年2月下旬至3月上旬收获。

（2）栽培要点

油麦菜选择耐低温、耐弱光、抗病、高产的早中熟品种，如香油麦菜、极品油麦菜、泰国香等。定植前15~20天，扣好外层大棚膜，每亩施入有机肥3 000~4 000kg、过磷酸钙25~30kg或磷酸二铵30~40kg，深耕土壤25~30cm，耕细耙平。定植前3~5天作平畦，畦宽60cm。幼苗3~6片真叶即可定植。为获得较高产量，可适当密植，按行距 20cm、株距 15cm 打定植穴，每畦定植 4 行。油麦菜的大小苗均可食用，采收标准较宽松，从 10~16 叶都可采摘。

番茄选择耐低温、耐强光、粉红果及抗病、高产、商品性好的早中熟品种，如朝研 298、欧洲粉王、荷兰 518 等。每亩施入腐熟优质有机肥5 000kg、45%氮磷钾复合肥 25kg，深耕土壤 25cm，耕细耙平。定植前 3~5 天以大行距 70cm、小行距 50cm 起垄，垄高 10~15cm，起垄后覆盖地膜。每亩用 45%的百菌清烟剂熏蒸一昼夜，通风无异味时定植。一般在 4 月上旬，按株距 40cm 打定植穴栽苗，6 月上旬开始采收。

结球甘蓝选用耐热、丰产的早熟品种，如中甘 21、中甘 17、绿秀 2 号等品种。每亩施用腐熟农家肥4 000~5 000kg，45%氮磷钾复合肥 25kg，深翻耙平。采用平畦栽培，行距 50cm，株距 40cm。7 月下旬定植，选阴天或晴天下午 4:00 以后进行。10 月上旬，叶球充实后及时采收，尽早上市。

菠菜选用冬性强、抽薹迟、耐寒、丰产的品种，可以使用帝沃 2 号、荷兰菠菜王、墨迪等，每亩用种量 4~5kg。前茬甘蓝收获后，每亩施2 000~3 000kg 腐熟农家肥及三元复合肥 25kg、尿素 15kg，深耕耙平后作畦。越冬菠菜生长期较长，如果基肥不足，冬前幼苗长势弱，不利于安全越冬，第 2 年春季返青后，因肥料不足也易发生先期抽薹。10 月中旬直播，保证菠菜在冬前有 30~40 天的生长期，以菠菜在冰冻来临前长出 4~6 片叶为宜。播种过早或过晚，幼苗太小或太大，菠菜均不抗寒，易造成死苗、缺苗。菠菜多采用干籽直播，也可将种子用 25℃ 水常温下浸泡 8~10 小时，捞出晾干后撒播或条播，播后覆土浇小水。此茬菠菜出苗率较其他季节低，播种密度可稍大。在 2 月下旬至 3 月上旬收获。

此栽培模式油麦菜亩产量约1 600kg，番茄亩产量6 500kg 以上，结球甘蓝亩产量3 200kg 左右，越冬菠菜亩产量2 200kg 左右。

32. 大棚菠菜—春大白菜—糯玉米—莴苣

(1) 茬口安排

春菠菜在上年 10 月下旬播种，春节前后上市；春大白菜在 2 月上旬采用营养钵育苗，3 月下旬地膜移栽，5 月下旬采收上市；糯玉米在5月底育苗，6月初移栽，8月上旬采收结束；莴苣在8月下旬播种育苗，9月中旬移栽，11月中旬采收。

(2) 栽培要点

菠菜可选用耐寒性强的尖叶型品种。菠菜播种前10天，亩施优质农家土杂肥2 000kg、生物有机肥45kg，充分翻熟耙匀，开沟筑畦。种子拌细土撒播，亩用种量5~6kg，然后覆盖籽土，浇透水分，并保持土层湿润以利出苗。菠菜出苗后及时查苗补缺，株高达4~5cm时，亩施薄粪水2 000kg。冬季气温低时保持适宜土壤湿度，湿度不可太大，以免发生冻害。

春大白菜选用冬性强、耐抽薹、生长期短、前期能耐低温品种，如小杂55、小杂56、鲁春白1号等。2月上旬翻晒冬耕晒垡的待种田块，亩施充分腐熟农家土杂肥3 000kg、45%氮磷钾复合肥50kg，翻耕均匀后作畦，随后亩用60%丁草胺乳油10mL加水40kg细喷雾，防除杂草，覆盖地膜，待晴天打洞定植春大白菜。春大白菜宜在2月上旬采用营养钵育苗。播种前用50℃温水浸种5~7分钟。播种后3~4天，苗床白天温度保持在28~33℃，促进出苗。出苗后苗床温度控制在22~23℃，最低温度13℃左右，超过25℃应及时通风降温，严防高温伤苗。4~5片真叶时定植，一般在3月下旬，按行距50cm、株距30cm定植。定植后肥水猛攻，一促到底，一般亩施尿素10~15kg作发棵肥，开始包心时每亩施尿素7~10kg，包心紧实后及时采收上市。

糯玉米选用适口性好、口感糯香、味甜质佳品种，如鲜糯2号、苏玉糯2号等。5月底春大白菜采收结束，清除田间地膜。耕翻晒垡2~3天，亩施45%氮磷钾复合肥20kg，整地后移栽糯玉米。糯玉米采用营养钵育苗，出苗后至2叶期间苗补缺，3~4片叶移栽，按行距60cm，株距25cm进行定植，亩定植4 500株左右。移栽活棵后及时查苗补苗，6月中旬气温升高后适时松土、除草、施肥，亩施尿素15kg、稀粪水2 000kg，促发促长。在糯玉米果穗中部籽粒手掐有少量白浆时，即可分期分批采摘上市。

莴苣选用高产优质、市场畅销的尖叶型品种。8月上旬糯玉米采收后，结合整地亩施充分腐熟农家土杂肥3 000kg、45%氮磷钾复合肥 20kg，翻耙均匀。选择土壤肥沃、排水方便的田块作苗床，8 月下旬采用营养穴盘露地育苗，播后泅足底水，覆膜保墒促全苗。2~3 片叶时间苗，确保 1 穴 1 苗，5~6 片叶时带土移栽。移栽结束后及时浇活棵水，株茎开始膨大勤施肥水，亩施尿素 10~15kg，促发促长。注意不要过多施用人粪肥，以防肉质茎出现裂纹而腐烂，影响上市质量。

此栽培模式一般亩产菠菜 2 500 kg 左右、春大白菜 2 500~3 000kg、糯玉米青果穗1 500~1 700kg、莴苣4 500~5 000kg。

33. 大棚茄子—芹菜—菠菜

（1）茬口安排

茄子 12 月下旬育苗，3 月中旬定植，5 月下旬上市，7 月下旬拉秧；芹菜 7 月上中旬育苗，8 月下旬定植，10 月下旬收获；菠菜 10 月下旬至 11 月上旬播种，春节上市。

（2）栽培要点

茄子选用早熟、高产、耐弱光、适宜保护地种植的茄子品种，如平茄四号、平茄一号、郑茄二号、绿罐茄等。3 月中旬定植，定植前 1 周扣棚整地，结合整地亩施腐熟有机肥2 000kg，复合肥 30kg，做好畦后铺地膜，定植前 3 天闭棚增温。定植时大行距为 70cm，小行距为 50cm，株距 45cm，亩定植2 500株。

芹菜选择前期耐热、后期耐寒的黄绿色芹菜品种，如美国西芹、意大利冬芹、佛罗里达 683、FS 西芹、凤凰等品种。茄子拉秧后闭棚，高温杀虫灭菌 1 周。然后结合整地亩施优质有机肥2 000kg，蔬菜专用复合肥 50kg，深翻后耙平做成 1.0~1.2m 宽的平畦。定植时先把做好的畦面浇透水，待水渗下去后，按 15cm×12cm 株行距将苗根用手指压入泥中，深度以不埋住心叶为宜。

菠菜越冬栽培容易受到冬季和早春低温影响，所以应选用越冬性强、抽薹迟、耐寒性强、丰产的品种，如尖叶菠菜、菠杂 10 号、菠杂 9 号、速生大叶菠菜、圆叶菠菜、春秋大叶等耐寒品种。芹菜收获后，结合整地每亩施入三元复合肥 30kg，翻耕 20~25cm，耙平，踏实，整畦，畦宽 1.5~2.0m。播种时可以撒播或条播。撒播如果土壤干燥、含水量少，可将种子撒于畦面后，用十齿耙轻轻梳耙表土 2~3

遍，踏实后浇透水即可；若土壤湿润也可不浇水。开沟条播的行距8~10cm，苗出齐后，按株距7cm定苗。每亩用种量5~6kg。播种后外界温度较高，棚内温度可达25℃以上，对种子发芽不利，要加大放风量，掌握发芽适温。出苗后适当降低温度，控制在15~18℃，幼苗长出2片真叶后温度保持在17~20℃，最高不超过25℃。夜间温度降至5℃以下时要关闭风口，停止放风。

该模式茄子一般亩产量3 000~3 500kg，芹菜一般亩产量3 500~4 500kg，菠菜一般亩产量2 000~2 500kg。

34. 大棚春甘蓝—夏毛豆—秋西芹—冬菠菜

（1）茬口安排

早春甘蓝于上年12月下旬设施保温育苗，2月下旬于大棚中定植，5月初收获；毛豆于5月中下旬播种，8月上中旬采收上市；秋西芹于7月初育苗，9月上旬定植，10月中下旬采收上市；11月上旬撒播菠菜，元旦开始分批采收上市。

（2）栽培要点

早春甘蓝选择抗性强、品质好的品种，如美味早生、绿球等。早春甘蓝使用大棚内套小棚设施栽培，定植前1周施肥整地，亩施腐熟优质农家肥4 000~5 000kg、45%氮磷钾复合肥30kg。施肥后深翻细耙耧平，然后作平畦，搭建大棚、覆膜、扣棚、提温，等待移植。于2月下旬壮苗移栽定植。密度：早熟品种每亩5 000株，中熟品种每亩3 500~4 000株。

毛豆选择抗性强、品质好的中早熟品种，如绿宝石、日本青、辽鲜1号等。施足基肥，每亩施用复合肥30~40kg或有机肥1 000kg。细耙整平，挖排水沟。采用点播方式，每亩种植6 000~7 000穴，每穴留苗3~4株。始花后30~35天，根据市场行情，适时采收。

秋西芹选择优质、高产、抗逆性强的品种，如文图拉、金皇后、香妃等。清洁田园，每亩施腐熟农家肥5 000kg、三元复合肥（N-P-K=15-15-15）30~35kg、腐熟饼肥100kg，保证匀撒，深翻细耙，整平，作宽1.0~1.5m的畦。9月上旬，幼苗5~6片真叶、苗高10~15cm时定植。穴栽1株，栽植密度为每亩0.8万~1万株。10月中下旬，植株高达45cm时，且心叶直立向上、心部充实、外叶色泽鲜绿或黄绿色时，根据市场行情及时采收。

菠菜品种选择日本大叶菠菜。秋芹菜收获后，及时清洁田园。基肥每亩施腐熟农家肥3 500kg、三元复混肥（N-P-K=15-15-15）20kg。撒施均匀后，精细耙地。11月上旬一般撒播播种，亩用种量4~5kg，撒播后，机器轻耙细耘一遍即可。一般7~10天即可出苗，元旦前后即可分批采收上市。

此栽培模式一般亩产甘蓝3 000~4 000kg、亩产鲜豆荚750kg左右、亩产秋西芹4 000~5 000kg、亩产菠菜1 500kg左右。

35. 春黄瓜—夏秋莴笋—越冬芹菜

（1）茬口安排

第一茬春大棚黄瓜于1月下旬至2月上旬播种温室内播种育苗，3月上旬至中旬移栽，4月上中旬产品陆续上市，7月上旬拉秧；第二茬夏秋莴笋于7月中旬至下旬播种，8月中旬至下旬移栽，9月下旬上市，10月中旬收获完毕；第三茬越冬大棚芹菜于8月下旬播种育苗，10月中旬至下旬移栽，12月中旬至翌年2月上旬收获。

（2）栽培要点

黄瓜选择商品性好、前期耐低温弱光、生长势强、早熟的品种，如津优二号。前茬收获后及时将大棚清理干净，亩撒施优质腐熟有机肥3 000~5 000kg，氮磷钾复合肥25kg，定植前用微耕机细耙两遍，将地整平待用。于2月下旬至3月上旬，选择有利时机定植，保证定植后有5~7天的晴好天气。小行距40cm，大行距84cm，株距33cm，每亩栽植3 000株左右。

莴笋选用耐高温、圆叶、绿皮的早熟或中早熟品种，如科兴二号、吉兴二号、种都40等。7月上旬黄瓜收获后及时清理田园，犁地翻垡。每亩撒施多菌灵2kg，用旧农膜平铺在棚内地面，覆盖10天左右进行高温杀菌及杀灭地下害虫。定植前1周用微耕机打垡，将地整平待用。栽植前按2m宽整地作畦，畦面宽1.8m，每畦栽植5行，株距30cm，每亩栽植5 000株左右。

越冬芹菜选择当地自留种实秆绿芹或天津实心芹菜。10月中旬莴笋收获后及时翻耕整地作畦，种植畦宽1.6m，畦埂宽0.4m。株行距以8cm×8cm为宜，每亩保苗2万株左右。

此栽培模式春大棚黄瓜亩产量5 000～7 000kg，夏秋莴笋亩产量3 000～3 500kg，越冬大棚芹菜亩产量4 000kg左右。

36. 甘蓝—西瓜—甜玉米/香菜

（1）茬口安排

甘蓝于12月上中旬育苗，1月中下旬分苗，2月上中旬定植，4月上旬收获上市；西瓜于3月上旬育苗，4月中旬定植，6月中下旬上市；玉米于6月下旬播种，9月中旬收鲜玉米穗；香菜于秋季9月上旬在玉米行间套种，11月中下旬开始上市，至次年2月上旬结束。

（2）栽培要点

甘蓝选用越冬性强、耐抽薹、生育期短、商品性好的早熟品种，如中甘21、8398、美味早生、雪王早生等品种。12月上中旬播种，采用塑料大棚或温室等保护设施育苗。幼苗具5～6片真叶时定植，定植前，整地做畦，深翻土地，施足基肥，结合整地亩施充分腐熟的土杂肥3 000kg、腐熟鸡粪250kg，配合施入复合肥（氮、磷、钾各含15%）30kg。整地后100cm放线起垄，沟宽30cm，深10cm，垄宽70cm。提前10天左右盖棚升温。每垄定植双行，每亩定植4 000株左右。

西瓜选用早熟、抗病性强、产量高、品质好、易坐瓜的中小果型品种，如早佳84-24、京欣1号、京欣2号或华欣007等品种。于3月上中旬浸种催芽后进行塑料大棚多层覆盖育苗。在苗高15cm、有3～5片真叶、苗龄30天左右时定植。甘蓝收获后，及时清茬，整地施肥，每亩施土杂肥3 000kg、饼肥30kg、45%硫酸钾复合肥30kg（N-P-K=15-15-15）、硼肥0.5kg作基肥，深施、匀施。每亩定植650～850株。

甜玉米，于6月下旬播种，整地时亩施入腐熟的土杂肥1 000kg，玉米专用型复合肥50kg、硫酸锌1kg。实行宽窄行种植，宽行距150cm、窄行距40cm，株距33cm，每穴2～3株，播种深度3～5cm。玉米出苗后及时查苗补苗，3叶期疏苗，5叶期定苗，每穴留1株，9月中旬收获鲜玉米穗。

香菜于9月上旬，在玉米大行间套种，利用玉米高秆植株给香菜遮阳。11月下旬扣棚保温，白天适宜温度15～20℃，夜间不低于

10℃，棚温超过20℃时，及时放风、降温、排湿。11月中下旬至翌年2月，根据市场行情陆续采收上市。

此栽培模式产甘蓝平均亩产3 500~4 000kg、西瓜亩产量3 000kg左右、甜玉米鲜穗亩产量1 000~1 500kg、香菜亩产量1 500kg左右。

37. 大棚马齿苋//西瓜—小青菜—生菜—菠菜

（1）茬口安排

3月上旬，马齿苋干籽直播于西瓜定植沟边的畦面上，4月中旬开始采收，5月上旬采收结束；3月初，西瓜采用营养钵育苗，3月底定植，4月底授粉，6月初开始采收，6月中旬采收结束；6月中旬，小青菜干籽直播，20多天后开始间苗采收，7月底采收结束；8月初生菜育苗，8月下旬定植，10月上旬开始采收，10月中旬采收结束；10月中下旬，菠菜干籽直播，12月中旬开始间苗采收，翌年2月底采收结束。

（2）栽培要点

马齿苋为野生蔬菜，一般用自留种。播后用铁耙耧一下，再用脚踩实，浇足水，每亩用种量0.5kg。播后10天左右即可出苗，生长期无须追肥，根据土壤墒情适时灌水。4月中旬开始间拔大株上市，可多次采收，5月上旬采收结束。

西瓜选用抗病高产、早熟优质的中果型西瓜品种，如京欣1号等。2月中旬每亩撒施腐熟有机肥4 000~5 000kg、复合肥30kg作基肥，旋耕土壤深30cm，使肥土充分混合，每2.3m筑一畦，挖1条丰产沟（瓜沟），沟宽25~30cm，沟深30cm。瓜沟回填土整平做成宽40~45cm的小畦，用于定植瓜苗。小畦面高于大畦面5cm，畦边稍低，以利于排水。定植前7~10天，畦面覆盖40~45cm宽地膜，以利保墒升温。秧苗三叶一心时即可定植。定植行距2.2~2.3m、株距43cm，浇足定植水，每亩栽650株左右。西瓜授粉后35天即可成熟，应及时采收上市。

小青菜选用适合本地区气候条件的耐热青菜品种，如上海青、本地小白菜等。西瓜拉秧后旋耕地块，耕深20~30cm，耙平后筑平畦，畦宽1.5m。撒播后用铁耙耧一下，再用脚踩实，浇足水，每亩用种量0.75kg。播后4~5天即可出苗，生育期无须追肥，视土壤墒情灌水。出苗20天后开始间苗采收，7月底采收结束。

生菜选用耐热的生菜品种。小青菜采收结束后，每亩撒施腐熟有机肥2 000～3 000kg、复合肥40kg作基肥，旋耕地块，耕深20～30cm，耙平后筑平畦，畦宽150cm。播前种子进行催芽处理，用清水浸种10～12小时，将种子捞出后装于布袋，置于冰箱保鲜柜中（9～13℃）催芽3天左右，待种子露白后即可播种。出苗后15天定植，每畦栽4行，株距15～20cm，浇足定植水，生菜全生育期无须追肥，但应适时灌水。

菠菜选用耐寒的尖叶菠菜品种。生菜采收结束后，每亩撒施复合肥20kg作基肥，耕深20～30cm，筑平畦，畦宽150cm。将菠菜干种子撒播于畦面上，用铁耙耧一下，再用脚踩实，浇足水，每亩用种量6～8kg。播后7天左右即可出苗，全生育期不用追肥，适时浇水。12月中旬开始间苗采收，翌年2月底采收结束。

此栽培模式马齿苋每亩产量1 700kg左右，西瓜每亩产量3 000kg左右，小青菜每亩产量1 500kg左右，生菜每亩产量1 500kg左右，菠菜每亩产量1 500kg左右。

38. 大棚茄子/黄瓜—菠菜

（1）茬口安排

茄子3月上旬定植（年前12月下旬播种育苗，因生长期短，不用嫁接苗），5月初上市，6月初拉秧；黄瓜为直播，与茄子套播，直播时间为5月中下旬，7月中下旬上市，9月上旬拉秧；9月中下旬直播菠菜，11月中下旬开始分批收获。

（2）栽培要点

春茬茄子选早熟、抗病、高产的品种，如天津快圆茄。年前土地结冻之前扣好棚，每个棚面积大约1亩，定植前每亩用腐熟粪肥4 000～5 000kg，氮磷钾15∶15∶15复合肥25～30kg。大行距1m，小行距0.6m，株距0.45m，定植后浇一次缓苗水，棚内增挂两层棚膜，来增加棚内温度，直到第一次冲施肥时再浇水，期间不用浇水，第一次冲施肥的时间门茄长成核桃大小时，以后7～8天冲施1次，施用高钾复合肥，每亩每次用量10～15kg或每亩每次冲施平衡型大量元素水溶肥3～5kg。要人工辅助授粉，授粉时间上午8:00～10:00，此茬茄子留果 3 个或 4 个。要注意前期需要加强增温，到后期要注意降温。

秋延后黄瓜选具有抗病、抗高温、丰产、优质、商品性好的品种，如津优 4 号等。黄瓜直播，种植大小行距同以上茄子种植，株距 30cm，每亩定植大约3 000株，由于定植前期气温较高，要采取对棚内进行降温措施，黄瓜适宜温度为白天 25~30℃，夜温 15~20℃。

秋冬菠菜选用越冬性强、耐寒性强、品质好、生长快、增产潜力大的品种，如冬月菠菜、菠杂 10 号、菠杂 9 号等。进行条播，一般每亩追尿素 15~20kg。每亩用种 3~4kg，菠菜 2~3 片真叶时可间苗 1 次，苗距 3~5cm。

此栽培模式每亩春茬茄子产量约为3 000kg 左右、黄瓜为亩产量 5 500kg 左右、菠菜亩产量2 000kg 左右。

39. 大棚芹菜—生菜—茼蒿—菠菜

（1）茬口安排

芹菜于 4 月上中旬直播于覆盖顶膜的大棚内，7 月初采收结束。芹菜采收后，在棚内直播散叶生菜，应用遮阳网覆盖降温，9 月上旬采收结束。生菜采收后直播茼蒿，茼蒿于 11 月下旬采收结束。茼蒿采收后，棚边加设裙膜保温，棚内播种菠菜，加强保温措施，使秋冬菠菜早日上市，翌年 3 月上旬菠菜采收结束。

（2）栽培要点

由于春夏季栽培的芹菜不作软化栽培，以青芹供应市场，因而宜选用较耐热的品种。播种芹菜的大棚前茬要及早出地并翻耕晒垡，于 3 月底前每亩施腐熟有机肥2 000~2 500kg 或商品有机肥 250~300kg 及蔬菜专用肥 50kg 作基肥，撒施后耕翻细耙做畦，做成宽 1.7~1.8m（连沟）的畦。同时覆盖好大棚顶部薄膜。4 月上中旬直播，每亩播种量 1kg 左右。播种田在播前 1 天浇透底水，第 2 天播种，播种要均匀，播后畦面覆盖一层遮阳网保湿。出苗后一般间苗 2~3 次，播后 35~40 天即可定苗，苗距 6~7cm 见方。定苗后可追肥 1 次，每亩追施尿素 6~8kg，将尿素均匀施于根际然后浇水使肥料溶解。6 月中下旬，植株长至 30~40cm 高时即可采收，7 月上旬采收结束。

生菜选用耐热、叶色青绿的散叶生菜。7 月上旬芹菜出地后，将残根残株清理出棚，每亩地施入腐熟农家肥2 000kg或商品有机肥250~300kg作基肥，耕翻耙细，做成1.8m宽（连沟）的畦。7月上中旬直播，每亩用种量300~350g。播后覆一层薄土，在棚顶薄膜上也加盖一层遮阳网降温。出苗后要加强管理，间苗1~2次，当生菜有4~5片真叶时即可定苗，定苗苗距18~20cm见方。定苗后25天左右即可采收，采收期为8月中下旬到9月上旬。

茼蒿选用优质高产、适合本地栽培的大叶茼蒿。9月上旬生菜采收后，拆去顶部覆盖的遮阳网，只留薄膜顶。每亩施商品有机肥150~200kg或蔬菜专用肥50~60kg作基肥，机械耕翻后整地做畦。9月上中旬撒播，将种子均匀撒播于畦面，再用齿耙轻耧畦面，然后用脚踏实；播后畦面覆盖一层遮阳网，以遮阳保湿，促进出苗；出苗后拆去遮阳网。每亩播种量2.5kg。播种后30~35天，株高达8~10cm时即可始收。第1次采收以间苗方式进行，一般可收3~4次，11月下旬采收结束。

菠菜可选用耐寒力强的品种。11月下旬前茬采收后，每亩施腐熟有机肥2 000kg或商品有机肥300~350kg，加蔬菜专用肥50kg作基肥，耕翻耙细，做成1.8~2m宽（连沟）的畦。此时天气转冷，时有霜冻出现，因而除大棚顶部保留薄膜覆盖外，棚两边也要设置裙膜保温。播种期11月下旬，每亩播种量8~10kg，撒播。一般1月下旬始收，分期采收，一直可采收到3月上旬。

此栽培模式每亩可产芹菜约3 500kg、生菜1 000kg左右、茼蒿1 000kg左右、菠菜2 000kg左右。

40. 大棚早春甘蓝—春糯玉米—秋花菜—菠菜

（1）茬口安排

甘蓝11月中下旬播种育苗，翌年1月下旬前后定植，3月底4月初采收上市；糯玉米3月上旬播种育苗，4月初定植，6月中下旬采收；秋花菜6月中上旬播种，7月中上旬定植，9月中上旬采收；菠菜9月下旬播种，翌年1月中旬前后采收结束。

（2）栽培要点

早春甘蓝选用早熟、耐抽薹的精选8398、美味早生等品种。在土壤耕翻前亩施腐熟有机肥4 000kg左右、三元复合肥25~30kg作底肥。行距40～45cm，株距35cm左右，每亩定植4 500株左右。甘蓝采用三膜覆盖栽培，定植前1周覆膜升温，定植选择冷尾暖头进行，定植后浇足水，7～10天不通风提高棚温以利返苗。返苗后适时通风浇水，追尿素1次，每亩15～20kg。定植后因温度比较低，要保持棚内温度白天25℃以上，夜间8～15℃，不要长时间低于5℃，以免引起春化。叶球充分长大时及时采收，以防裂球。

糯玉米采用早熟高产的万糯一号、万糯十一号等品种。糯玉米育苗移栽比直播早熟15～20天，可增加收益30%以上，但移栽苗龄不能太长，一般25～30天，叶龄3～5叶。甘蓝收获后要及时腾茬、施肥、整地、定植，因上茬施肥较多，糯玉米可不施有机肥，每亩施玉米专用复合肥50kg。糯玉米定植行距60～65cm，株距30cm，每亩3 500～3800株。早春糯玉米一般雌花授粉后20～25天采收品质最佳，过早过晚糯玉米品质均降低。

秋花菜选用耐热、早熟的丰花60、丰田50等品种。耕地前每亩施腐熟有机肥2 000～3 000kg、三元复合肥20～25kg、硼肥1kg左右。夏季雨水多，要作高畦定植，畦宽70～75cm，沟宽25～30cm。每畦定植2行花菜，一般行距50cm，株距40cm，每亩栽3 000～3 300株。丰花60白梗花菜在花球边稍有小裂缝时就可采收上市。

菠菜选用日本大叶菠菜，菠菜根系浅，生长周期短，一般不再追肥，必须一次施足底肥。耕翻前亩施腐熟土杂肥2 000kg左右，高氮复合肥40～50kg，尿素30～40kg。施肥后耕碎耙细，整平土地。早秋菠菜生长快，密度不能太大，以亩用种量4～5kg为宜。一般采取撒播，播种后用耧耙耧一遍，然后轻轻压实土壤。一般菠菜播种后30天左右可采收上市，每隔15～20天采收1次，翌年1月中旬前后采收结束。

采用该模式栽培，早春甘蓝亩产量4 000kg左右、糯玉米1 000kg左右、秋花菜1 500～2 000kg、菠菜1 500～2 000kg。

41. 大棚菠菜/扁豆//毛豆—糯玉米—西芹

（1）茬口安排

菠菜10月下旬播种，2月下旬采收；扁豆1月中旬育苗，2月下旬定植，5月上旬始收，7月下旬采收完毕；毛豆2月底到3月上旬播种，6月上中旬采收；糯玉米6月中旬播种，9月上旬采收青玉米。芹菜7月中下旬播种，9月中旬定植，11月下旬陆续上市。

整地作畦，畦宽3m，上年10月下旬每畦靠两边各播1幅菠菜，幅宽0.75m，中间留空幅宽1.5m；2月底3月上旬在空幅中播4行早熟毛豆，株行距为12cm×25cm；在菠菜采收后的幅中栽植1行扁豆，移栽株距45cm；早熟毛豆6月上中旬采收让茬后栽植4行糯玉米，株距25cm；7月下旬，西芹播种育苗，9月中旬移栽，株行距为5cm×10cm。

（2）栽培要点

菠菜选用高产、优质、市场畅销的尖叶型品种；整地作畦，亩施优质有机肥2 000kg、生物有机肥50kg，充分翻熟耙匀整地，种子拌细土撒播，然后撒施盖籽土，浇透水，保持土层湿润以利出苗。菠菜出苗后及时查苗补缺，苗高4~5cm时亩施薄粪水2 000kg。冬季气温低时应保持适宜的土壤湿度，并加膜覆盖。

毛豆选用早熟、高产、优质品种，如青酥2号、沪宁95-1、辽鲜1号等。播种前翻土晒垡，亩施优质有机肥3 000kg，翻匀耙熟，整地播种，每畦4行，覆盖地膜。3月中旬以后及时破膜间苗、护苗，每穴留苗3~4株，亩留苗6 500~7 000株。开花初期亩追施速效氮肥15kg，结荚盛期喷施硫酸二氢钾叶面肥2~3次，每次间隔5~6天，提高豆荚饱满度和市销质量。

扁豆选用早熟新品系95-2-3或红镶边绿扁豆等品种。采用营养钵育苗，齐苗后每钵留2株，3片真叶时移栽。亩施45%氮磷钾复合肥20kg，覆盖地膜打穴栽植并浇足底水，亩栽1 800~2 000株。苗高50cm时搭1.5~2m高人字架，引蔓上架，蔓长1.8m时去除顶心促进分枝。始花时亩施45%氮磷钾复合肥15kg，7月下旬采收结束后拆架清茬。

糯玉米选用中糯2号、苏玉糯2号等系列品种。毛豆采摘结束后，亩施人畜粪肥1 500kg、尿素10kg、45%氮磷钾复合肥15kg，翻耙均匀后筑畦栽植糯玉米，每畦4行，株距25cm，栽后浇足水促进活棵。

西芹选用适合本地栽培、销售的优良品种，如西芹5号、文图拉等。西芹 7~8 片叶时选择晴天下午 4:00 后或阴天定植，株行距为 5cm×10cm。定植后浇透活棵水，并保持 4~5 天土层湿潮。活棵后实行薄肥勤施，不断满足西芹苗体对氮、磷、钾的需要，每隔 15 天施肥 1 次，亩施 45%氮磷钾复合肥 10kg、0.2%硼肥 1kg，防止西芹叶柄开裂，同时用三唑酮和菊酯类农药防治叶斑病和蚜虫。西芹定植后 70~75 天即可分批采收，采收前 5~7 天，亩用赤霉素（920）3~4g 分期细喷雾，以利西芹叶柄拉长、嫩脆，提高上市质量和品质。

此栽培模式菠菜亩产量1 000~1 500kg、毛豆青荚亩产量 600kg 左右、扁豆荚亩产量 500kg 左右、糯玉米亩产量 950kg 左右、西芹亩产量4 500~5 000kg。

42. 设施小西瓜—小青菜—西兰花—菠菜

（1）茬口安排

小西瓜于 2 月底至 3 月初采用营养钵或穴盘日光温室育苗，3 月中下旬移栽至大棚内，5 月底至 6 月底采收；小西瓜离田后即时整地，直接播种小青菜，小青菜生育期 25~30 天；西兰花于 7 月上中旬穴盘育苗，8 月上中旬移栽，10 月中下旬至 11 月上旬收获；菠菜于 11 月中旬直播，翌年 2 月下旬收获。

（2）栽培要点

小西瓜品种选择商品性、抗病性强的品种，如早春红玉等。移栽前 3~5 天，进行施肥整地作畦，每亩大棚施入5 000kg 腐熟有机肥和 30kg 三元复合肥作基肥，及时深翻土壤并作畦，每 6m 宽大棚做 3 畦，畦宽 1.5m，畦面高 20cm，浇足水分后覆盖地膜并扣棚升温，在畦中间按 30~40cm 的距离开定植孔。小西瓜的采收适期为坐瓜后 28 天左右，如果外界温度高，则相应缩短天数。采收时应轻拿轻放，防止裂瓜。

小青菜品种选择耐热品种，如华冠、夏王等，西瓜收获后，及时清理田地，同时施基肥作畦。每亩施腐熟有机肥2 500kg 和三元复合肥 25kg 作基肥，每 6m 宽大棚做 2 畦，畦宽 2.5m、高 20cm。小青菜播种前去除大棚裙膜，并全棚覆盖防虫网。播种前 1 天棚内灌水，播种时将种子与干细土混合均匀，播种后立即用遮阳网浮面覆盖，当种子齐苗后及时揭开遮阳网。小青菜一般播种后 25 天左右即可一次性采收上市。

西兰花品种选择优质、中熟品种，如优秀等。小青菜收获后，及时整地施基肥，基肥用量一般为每亩腐熟有机肥4 000kg、三元复合肥30kg、硼肥1kg。西兰花按株行距0.4m×0.5m定植，每亩移栽3 300株左右。

菠菜选用商品性好的品种，如日本法莲草、急先锋等。西兰花收获后及时清沟理墒，并按每亩施腐熟有机肥1 500kg、三元复合肥30kg、过磷酸钙20kg基肥，基肥施用后及时作畦，畦面规格可按小青菜标准。菠菜播种采用撒播法，每亩需种子8～10kg。当菠菜出苗并长至2片真叶时间苗，当菠菜长到20～25cm时为采收适期，采收时应先挑大留小，间密留稀，以利于菠菜充分发棵，延长市场供应期。

此模式每亩产小西瓜2 200kg左右、小青菜800kg左右、西兰花1 500kg左右、菠菜2 000kg左右。

43. 冬春青菜—丝瓜—秋辣椒

(1) 茬口安排

冬春青菜在上年12月至2月播种，1—3月采收；丝瓜在2月中旬播种，3月中下旬定植，5月中旬至8月上旬采收；秋辣椒在7月中旬播种，8月中旬定植，10—11月采收。

(2) 栽培要点

冬春季栽培青菜宜选择较耐寒、耐抽薹的品种，如矮脚黄、上海青、四月慢等。选择前茬为非十字花科作物的地块（以茄果类、瓜类、豆类蔬菜为宜）种植青菜，前茬收获后及早翻耕晒垡，每亩撒施腐熟有机肥1 000～1 500kg或商品有机肥300～500kg、三元复合肥（NPK≥30%）30kg，施后翻耕，耕细整平作畦，畦宽1.5～2m。

丝瓜选择早熟、适宜密植、抗病的丝瓜品种，如翠玉、秀玉、江蔬1号等。定植前，结合深翻土壤每亩施腐熟有机肥3 000～4 000kg、三元复合肥（N-P-K=15-15-15）30kg或三元有机无机复混肥(10-6-9) 50kg作基肥，充分旋耕，整平作垄，垄面宽1m，垄与垄之间沟宽1m，垄面覆盖地膜。3月中下旬，苗龄30～35天、秧苗长有二叶一心或三叶一心时定植。距垄边两侧10cm处各栽1行，株距

30cm，每亩栽2 100株左右。定植后立即浇水，并及时用土密封定植穴。

秋辣椒选择抗逆抗病性强、耐高温高湿的辣椒品种，如苏椒5号、苏椒14号、苏椒19号等。定植前15～20天扣棚并用土封严大棚四周，利用7—8月高温杀灭棚内病原菌。每亩撒施腐熟有机肥2 000～2 500kg，三元复合肥（N－P－K＝15－15－15）25kg作基肥，耕翻耙平，筑深沟高畦或小高垄，覆盖地膜。8月中旬定植。定植前2天，棚内喷洒杀虫剂、杀菌剂。定植前覆盖大棚膜，棚膜上加盖遮阳网。定植时剔除病苗、弱苗，定植株行距为35cm×35cm。

此栽培模式小青菜亩产量1 500kg左右、丝瓜亩产量5 000～8 000kg、秋辣椒亩产量2 500～3 000kg。

44. 糯玉米—生菜—辣椒

（1）茬口安排

糯玉米于2月底制钵育苗，3月下旬移栽，6月上旬采收鲜穗；结球生菜于5月上旬播种育苗，6月上旬移栽，7月底采收完毕；辣椒于7月上中旬播种育苗，8月初采用宽窄行起垄栽植，11月中下旬采收完毕。

（2）栽培要点

糯玉米选择优质、生长势强的品种，如苏玉糯1号、浙玉糯1号。2月底是大棚糯玉米的最佳播种期，采用营养钵育苗。待苗3～4叶时，选择晴天上午移栽。连土带苗从营养钵中取出，移栽至定植穴后覆土。为促进缓苗，需覆盖小拱棚，5天后缓苗结束，即可转入正常的管理。加强玉米生长期间的温度控制，注意防寒保温。当棚温低于10℃时，应在小拱棚上加盖草帘，促进保暖。同时，应注意棚温不能太高，否则应及时通风换气，将温度控制在36℃以下。授粉后要扩大昼夜温差，夜间温度低于12℃要关闭棚门。糯玉米生长后期，于大喇叭口期灌心、吐丝期对准花丝和果穗着生处喷雾45%高效氯氟氰菊酯2次，防治玉米螟。及时采收糯玉米，可有助于保持品种的风味和品质。一般在授粉后24～26天，花丝干枯、颜色变褐时采收。

生菜要选择耐热、不易抽薹的皇帝、红帆等品种，在5月上旬播种育苗。此期播种，温度高，用种量稍多，并覆盖遮阳网。结球生菜根系入土不深，故定植前土壤应施足基肥，翻耕均匀，使土层疏松，以利于根系生长和须根吸收肥水。一般在7月上中旬（定植后35~40天）即可陆续采收松散叶球上市。

辣椒秋延后栽培，辣椒苗期处于高温阶段，容易发生病毒病。应选用生长势较强、耐热性突出、抗病能力强、适应性广的中（早）熟品种，如苏椒五号、碧玉椒等。8月初移栽定植，最好是选阴天移栽。棚膜一般在辣椒移栽前就已盖好。10月上旬前因温度较高，所以棚四周的膜基本上是敞开的，只是在风雨较大的情况下才将膜盖上，以防雨水冲刷辣椒引起发病。10月下旬，当白天棚内温度降到25℃以下时，棚膜开始关闭，控制温度在10℃以上，促进植株生长。

此栽培模式每亩产鲜食春糯玉米1 200kg左右、亩产夏生菜1 500kg左右、秋延辣椒亩产量2 000kg左右。

45. 早春茄子—夏秋生菜—秋冬西兰花

（1）茬口安排

早春茄子于3月上旬定植，5月上旬至7月上旬采收上市；夏秋生菜于6月上中旬播种，7月上中旬定植，8月底至9月上中旬采收上市；秋冬西兰花于7月底至8月中下旬播种育苗，8月底至9月中旬定植，11月中下旬至12月中旬采收上市。

（2）栽培要点

早春茄子选用早熟，耐低温弱光，抗病抗逆性强的长条形茄子品种，如黑骠、黑长龙、黑将金等。选择土层深厚、排水良好、轮作3年以上的肥沃地块种植。定植前15天整地作畦施肥，每亩撒施腐熟有机肥2 500kg、茄果类复合肥45kg，耕翻20~25cm后，起垄种植，垄高15cm，垄距1.2m，每垄定植两行。在晴天下午定植，定植株行距为45~50cm见方，每亩栽2 500株左右。茄子早熟栽培一般采用大棚+小拱棚+地膜多重覆盖。

夏秋生菜选用早熟，耐高温、耐抽薹性好，抗病抗逆性强，符合本地市场消费的散叶或半结球类生菜品种，如意大利耐热耐抽薹生菜、美国大速生生菜、四季油麦生菜等。选择排灌方便、土壤肥沃的沙质壤土种植。定植前深耕细作，施足基肥，每亩施腐熟农家肥1 000kg、复合肥20kg，施后深翻，整地作畦，畦面宽1.2m、沟宽

40cm、畦高 20～30cm。应选择阴天或下午 3 时后定植，株行距以 20～30cm 见方为宜。

秋冬西兰花选用中晚熟、产量高、耐寒性强、蕾粒细、商品性好、抗病抗逆性强的品种，如优秀、绿岭、梅绿 90、圣绿、曼陀绿等。选择排灌条件良好的壤土种植。定植前犁翻晒透，耙碎土壤，施足基肥，每亩施腐熟农家肥2 000～2 500kg，并适量混施硼肥、钙肥，深耕细耙，筑平畦，畦宽 1.3～1.5m。选择阴天或晴天下午移栽，采取双行种植，行距 60cm、株距 30～40cm，每亩栽2 500～3 000株。

此栽培模式全年每亩早春茄子产量4 000kg 左右，每亩夏秋生菜产量1 500kg左右，每亩秋冬西兰花产量1 500～2 000kg。

46. 大棚早春西瓜—花椰菜—生菜

（1）茬口安排

早春西瓜于 2 月中旬育苗，3 月中旬定植，采用大棚+小拱棚+地膜覆盖栽培，5 月下旬陆续收获上市；花椰菜于 6 月中下旬育苗，7 月中下旬左右定植，10 月初收获；生菜于 9 月中下旬育苗，10 月下旬定植，采用大棚+小拱棚+地膜覆盖栽培，“元旦”到“春节”收获。

（2）栽培要点

西瓜选择早熟、耐低温弱光、易坐瓜、耐裂、易贮运、优质品种，如“国豫 2 号”“国豫 3 号”“农抗 2 号”等。选择肥沃土壤，每亩施腐熟农家肥5 000～6 000kg 或腐熟鸡粪3 000kg，再加优质三元复合肥 30kg，均匀撒施耕翻，精细整地，整平做垄。垄的方向与拱棚方向一致，垄宽 0.6～0.8m，高 15～20cm。瓜苗苗龄 30～40 天，有 4 片左右真叶即可定植。定植前 15 天覆盖地膜，并扣好小拱棚，增加地温。按株距 50～60cm 挖穴，每亩定植 600 株左右。早春西瓜一般于 5 月下旬开始陆续采收。

花椰菜选择生育期短、早熟、耐热耐涝、抗病、花球商品性好的品种，如“珍玉 58”“白雪公主”等。每亩施腐熟有机肥3 000～4 000kg，优质三元复合肥 20～25kg。早秋雨水多，宜采用高垄栽培。垄宽（带沟）1.1m 左右，每垄双行，株距 45cm 左右，每亩定植2 700株左右。定植后及时加盖遮阳网遮阴降温。一般当花球紧实，球面有 1/3～1/2 能看到，花球圆整、光滑，边缘尚未散开时，依据市场行情进行采收。采收时花球要带 3～4 片外叶。

生菜选择耐寒、耐抽薹、抗病、丰产优质的半结球或结球品种，如“普威四季半结球生菜”“射手生菜”等。每亩施腐熟有机肥 3 000kg、优质三元复合肥 20～30kg。建议 3/4 复合肥作基肥，剩余 1/4 在做好畦后均匀撒入并混匀。定植深度以根土表面与地平面相齐为宜。半结球生菜株行距 20～25cm 见方，结球生菜株行距 30～35cm 见方。10 月下旬至 11 月上旬及时上好棚膜，白天、夜晚要注意放风，以免温度过高。随着外界气温降低，及时关闭风口，避免棚内温度过低。白天温度保持在 18～22℃，夜间 13～15℃。气温低于 10℃ 时，及时加盖小拱棚。单球质量达到 500g 左右时，即可采收上市。

此栽培模式，早春西瓜亩产量 2 000～3 000kg、花椰菜亩产量 2 000～2 500kg、生菜亩产量 1 500kg 左右。

47. 中棚甘蓝—辣椒—菠菜

（1）茬口安排

甘蓝于 12 月下旬播种育苗，次年 2 月中旬定植，4 月中下旬采收；辣椒 3 月下旬播种，5 月上旬定植，9 月下旬拉秧清棚；菠菜 10 月上旬播种，11 月下旬收获。

（2）栽培要点

春甘蓝选择优质、高产、抗病、抗逆性强、商品性好的早熟品种，如中甘 21 等。定植前及时清理上茬作物残体，每亩施用 3 000kg 腐熟农家肥、20kg 三元复合肥（N-P-K＝15-15-15）、40kg 过磷酸钙，深翻土壤 30cm。覆盖地膜，平畦定植。按株行距 40cm×40cm 开穴，浇透水，水渗后栽苗封穴，每 3 行为 1 畦，亩定植 4 000～4 500 株。叶球紧实后，分期采收上市，4 月底采收完毕。

越夏辣椒选择抗病虫、耐高温、优质、高产、商品性好、适合市场需求的无限生长型品种，如康大 301、国福 208、国研 1 号。3 月下旬播种育苗，甘蓝收获后及时整地施肥，每亩撒施 3 000kg 腐熟农家肥、45%氮磷钾复合肥 20kg，深翻土壤 30cm，充分混匀肥料和土壤，5 月上旬定植。按宽窄行起垄，起垄后覆膜，垄高 20cm，宽行 70cm、窄行 50cm，打穴浇水，穴距 30cm，随水坐苗，待水渗下覆土。

秋菠菜选用耐寒性强、生长快、早熟的大叶型菠菜品种，如京菠1号、荷兰菠菜等。10月上旬播种。整地施肥，每亩撒施30kg三元复合肥、10kg尿素，深翻土壤30cm，作成1.5m宽的平畦。播种前浇足底墒水，按行距10cm、深1.5cm开沟撒播，亩用种量3~4kg。菠菜株高达到35~40cm时采收。

此栽培模式一般甘蓝每产量3 000kg左右、辣椒亩产量3 500kg左右、菠菜亩产量2 000kg左右。

48. 中棚芹菜—甘蓝—黄瓜

(1) 茬口安排

芹菜7月中下旬育苗，9月中旬定植，1月底前采收上市；甘蓝12月下旬育苗，2月上旬定植，4月底以前采收完毕；黄瓜5月上旬定植，6月中下旬开始采收，9月上旬拉秧。

(2) 栽培要点

秋芹菜选用抗病、优质、高产的“荷兰帝王西芹”“文图拉”等。芹菜7月中下旬育苗（利用中小拱棚加遮阴覆盖育苗，72孔穴盘点播）。及时整地，亩施优质有机肥5 000kg、45%氮磷钾复合肥30kg，耙平后做平畦。9月中旬定植，株行距为23cm×28cm，每亩栽植10 000株左右。

早春甘蓝选用抗病、早熟、耐抽薹的“8398”“中甘11号”“冬盛”“庆丰”等品种。早春甘蓝12月下旬播种，在日光温室内采用72孔穴盘点播育苗。苗期尽量提高棚室内温度，以防低温春化而未熟先薹。芹菜收获后及时整地，结合整地每亩施45%三元复合肥30kg。土壤混合均匀，整成1.6m宽的平畦，每畦种植4行。于2月上旬定植，株行距40cm×40cm，每亩栽植4 200株左右。

夏黄瓜选用雌花节位低、抗病、耐高温的冀绿4号、津春3号、中农13号、新泰密刺等。黄瓜3月中旬育苗。甘蓝收获后及时施肥整地，结合整地，每亩施优质有机肥5 000kg、氮磷钾复合肥30kg。土肥混合均匀后做高畦，畦高7~12cm，畦宽70cm，沟宽80cm。黄瓜5月上旬定植，按大小行90cm×60cm定植，每畦定植2行黄瓜，畦上为小行距，行距60cm，株距25cm，每亩栽苗3 500~4 400株。

此栽培模式芹菜每亩产量5 000kg左右，甘蓝每亩产量3 500kg左右，黄瓜每亩产量7 500kg左右。

49. 中棚茄子—莴笋—菠菜

（1）茬口安排

茄子在2月下旬播种，4月下旬定植，5月底始收，7月中下旬拉秧；莴笋在7月初播种育苗，7月下旬定植，9月中下旬收获；菠菜在莴笋收获后及时播种，11月上中旬分批收获上市。

（2）栽培要点

茄子可选用农大601、紫光园茄、黑丽园、二苠、茄杂2号等；亩施有机肥4 000~5 000kg、45%三元复合肥30kg、微肥2kg、发酵饼肥150kg。撒施后，机耕20cm以上，打耙整平，做成高畦，畦高10cm左右，畦宽60cm，沟宽50cm。覆盖地膜，定植前5天扣棚烤地。应选晴好天气在畦上按行距55cm、株距50cm打孔挖穴，摆苗、浇水、覆土，每亩栽苗2400株左右。从开花到成熟25~30天，门茄要及时采收上市，以防赘秧，采收后期及时拉秧换茬。

莴笋选用香冠、香霸。茄子拉秧后及时中耕锄草，亩施三元复合肥25kg，浅耕、做畦，准备定植。当苗子有4片真叶时，选晴天下午或阴天，按行距40cm、株距30cm，带土坨定植，亩定植5 500株左右。定植后气温较高，应覆盖遮阳网遮阴降温。定植后及时浇定植水，隔3~5天再浇1次缓苗水，要及时中耕、划锄，促苗早发，当幼苗团棵时要及时追肥浇水。第1次亩追尿素10kg，第2次用尿素15kg，9月中旬待植株心叶与外叶齐平时，及时收获上市。

菠菜选用大叶菠菜。莴笋收获后及时中耕灭茬，每亩撒施三元复合肥20kg，做成平畦，撒菠菜籽，到10月中旬亩追尿素10kg，11月上中旬开始可分批收获上市。

此模式可亩产茄子5 000kg左右、莴笋亩产量3 000~4 000kg、菠菜亩产量2 000kg左右。

50. 小拱棚洋葱/夏甜玉米—夏秋甘蓝

（1）茬口安排

洋葱于9月中旬播种，苗龄50~55天，11月上中旬定植，小拱棚覆盖越冬，翌年5月下旬收获；夏甜玉米5月上旬在洋葱田套种，7月中下旬采收；夏秋甘蓝7月初播种育苗，苗龄25~30天，7月底8月初定植，10月初收获。

（2）栽培要点

洋葱一般在立冬（11月7—8日）前后定植，最迟不超过11月中旬。定植前喷施乙草胺防治杂草，然后加盖地膜两边压紧，打孔栽苗深度1~2cm，田土压紧定植孔，株行距约13cm×17cm，亩栽2万~2.5万株，定植后及时覆盖小拱棚。

甜玉米于5月上旬在洋葱田套种（也可先进行育苗，洋葱收获后进行移栽），播种密度每亩为3 500~4 000株，播种前防治地下害虫，3~4叶时及时定苗，5~6叶结合浇水每亩追施复合肥10~15kg，10~12叶每亩追施复合肥15~20kg。注意防治玉米螟、叶斑病，7月中下旬收获鲜玉米穗。套种玉米要注意防治钻心虫，保证玉米苗全、苗壮。

夏秋甘蓝要选择耐热、抗病品种。于7月初播种育苗，具4~6叶及时定植，定植株行距约40cm×40cm，每亩定植3 500~4 000株。10月初，当叶球紧实时，可以根据市场行情，适时采收。

此种植模式，洋葱亩产量5 000~7 000kg、甜玉米鲜穗亩产量750~1 000kg、夏秋甘蓝亩产量3 500kg左右。

51. 小拱棚莴笋—胡萝卜—甘蓝

（1）茬口安排

莴笋9月中旬播种育苗，10月中旬定植，3月上中旬采收；胡萝卜3月中下旬播种，7月上中旬收获；甘蓝7月上旬育苗，8月上旬定植，10月上中旬收获。

（2）栽培要点

莴笋选用耐寒性较强的尖叶笋、白皮香等品种。定植前亩施腐熟农家肥4 000kg、尿素25~30kg、氯化钾10kg，作成宽2.6m的低畦，留40cm宽的畦埂，以便后期搭建小拱棚及管理，再把每个大畦做成两个宽1.3m的小畦，以方便浇水。定植株距26cm，每小畦定植5行，暗水栽苗，之后覆地膜，破膜入苗，破口处用土封好。

胡萝卜选用耐低温、抗抽薹的品种，如韩国一代杂交种金胜。莴笋采收后及时整地，亩施 45%氮磷钾三元复合肥 30～40kg、硼砂 1kg、充分腐熟的厩肥5 000kg。并每亩用 250 毫升辛硫磷拌 5kg 麦麸撒施，一同翻入地下，防蝼蛄、小地老虎等。做高畦，畦宽 80cm、高 20cm，沟宽 30cm。按行距 15～20cm，株距 10cm，开 5cm 深的沟，沟内浇小水。点播，覆土 1cm。播后每亩用 25%除草醚 750g 处理土表，随后覆盖地膜。

甘蓝选用中早熟丰产、耐热、抗病强的品种，如中甘 8 号、早丰 55 等。苗龄 30～35 天。按行株距 45cm×40cm 进行定植，定植密度为每亩3 700棵左右。

此栽培模式莴笋（双膜覆盖）比露地栽培提早 30～40 天上市，亩产量2 800kg 左右，春胡萝卜亩产量3 000kg 左右，夏秋甘蓝亩产量3 500kg 左右。

52. 小拱棚韭菜//甘蓝//辣椒

（1）茬口安排

韭菜栽培分露地栽培和保护地栽培两个栽培阶段。保护地栽培从 11 月至翌年 3 月，生产青韭；露地栽培从 3 月至 11 月处于养根壮秧阶段，一般不收割，此期高温伏天，韭菜生长很缓慢，在韭菜生长间歇季节间套种甘蓝和辣椒，增加复种指数。

甘蓝 1 月上旬在日光温室内育苗，3 月下旬定植，5 月下旬开始收获。韭菜 3 月中旬育苗，6 月上中旬开始定植韭菜，为抢占元旦和春节市场上市，11 月上中旬开始扣棚。辣椒 2 月下旬在日光温室内育苗，4 月中下旬定植，9 月上旬拉秧。

深耕细耙，整地作畦，以 2.7m 宽为一带，做宽窄行，宽畦 2.0m，窄畦 0.7m，畦埂高 10cm。其中宽畦种甘蓝、韭菜，窄畦种辣椒。韭菜按行距 25cm 定植，穴栽时穴距 15～20cm，每穴 10 株，行栽时株距 0.7cm，每畦定植 8 行。甘蓝在韭菜行间，隔行种植，每宽畦内定植 4 行，株距 40cm。辣椒在窄畦内按行距 50cm，株距 40cm，三角形定植，每窄畦内种 2 行。

（2）栽培要点

甘蓝选用越冬性较强的早熟品种，如冬甘一号、冬甘二号，亩施优质农家肥4 000～5 000kg、复合肥 30kg，深耕细耙，整地作畦，

3 月下旬幼苗 5~6 片叶时定植，栽后随即浇水，以利早缓苗，到 5 月下旬开始收获甘蓝。

韭菜选用适合越冬保护地栽培、叶色较深、生长势强、辣味浓、高产优质的新品种平丰 9 号。韭菜 3 月中旬育苗，5 月下旬在收获甘蓝后的空地，亩施有机肥 5 000kg、复合肥 30~50kg，深耕细作，平整土地，6 月上中旬开始定植韭菜。

辣椒选择株型紧凑、早中熟丰产品种平椒 1 号、平椒 2 号。辣椒 4 月中下旬，苗高 10~15cm 时定植，定植后随即浇水。

辣椒拉秧前，8 月中旬以后，随着气温的变凉，韭菜进入一年中的第二次营养生长高峰。从 8 月下旬开始，对宽畦定植的韭菜要加大肥水管理，每 10 天左右追肥浇水 1 次，每亩追施尿素 10~15kg，或硫酸铵 15~20kg，或顺水冲施腐熟鸡粪 1 000kg，连续 2~3 次。11 月上中旬开始扣韭菜小拱棚，用铁丝或小竹竿搭成高度为 0.8~1.0m 的小拱形架，用塑料薄膜覆盖，用辣椒窄畦上的土将四周薄膜压紧，这时辣椒窄畦就变成了冬季管理韭菜拱棚的走道。元旦、春节各收割 1 茬青韭。3 月上中旬气温升高，可撤去拱棚，每亩施尿素 40kg，浇水、中耕，进入夏季养根阶段。如有花薹抽出，要及时采摘捆成小捆销售，既可增加收入，又减少养分消耗。撤去拱棚的走道仍要施肥、深耕，整理后间套甘蓝、辣椒等其他蔬菜。

韭菜是喜湿耐阴蔬菜，对光照要求不严，产量高，需肥量大，在韭菜畦上间作辣椒，既满足了辣椒喜光耐热的特性，同时根据韭菜、辣椒根系深浅的不同特点，吸收利用不同土层的养分。选择韭菜、甘蓝、辣椒间作套种，既做到了韭菜与辣椒的空间互补，又兼顾了韭菜、辣椒和甘蓝的不同收获期。春季露地生产甘蓝，夏季套栽辣椒，冬季保护地生产青韭。

此栽培模式，甘蓝亩产量 2 000~2 500kg、韭菜亩产量 3 000kg 左右、辣椒亩产量 1 200kg 左右。

53. 小拱棚大蒜//菠菜/西瓜—早熟大白菜

（1）茬口安排

9 月中下旬进行土地耕翻平整，整成 1.8m 的宽畦。9 月下旬至 10 月上旬在畦上靠一边种 6 行大蒜，行距 20cm，占地 100cm，在另一边种3行菠菜，行距20cm。翌年4月上旬，菠菜收获后移栽1行地膜西瓜。6月下旬大蒜收获，7月中旬西瓜收获后及时整地，7月底8月初播种早熟大白菜。

(2) 栽培要点

大蒜用抗病、产量高、个头大、皮白经提纯复壮的苍山大蒜和宋城大蒜，选择瓣大、无伤、无烂、无病虫害、不脱皮的蒜瓣作种蒜。菠菜选用耐寒性强、品质好、抗病、高产的菠杂10号、菠杂15号。西瓜选用郑杂5号、早冠龙等抗病、早熟、优质品种。白菜选用耐湿、耐热、早熟、抗病、高产、优质的小杂56、豫白菜5号、汴早3号等。

选用2~3年未种过大蒜、西瓜、大白菜，地势平坦、松软、富含有机质、易排灌的沙壤土田块为宜。亩施农家肥5 000kg，45%氮磷钾三元复合肥30~35kg，结合整地均匀翻入耕作层，耙平耙实，放线整成1.8m宽的平畦。

9月下旬或10月上旬，平均气温17℃、5cm以下地温18~19℃时播种大蒜。在畦上靠一边开深10cm、行距20cm的播种沟6行，将浸泡好的蒜瓣按大小分级播种，株距13cm；然后在另一边播种3行菠菜，行距20cm。11月底及时搭建小拱棚，保证大蒜、菠菜安全越冬。

翌年3月上旬，在小拱棚中或阳畦上用营养钵育西瓜苗。待4月上旬菠菜全部收获后，结合耕翻，亩施腐熟鸡粪2 000kg，腐熟的棉籽饼150kg，45%氮磷钾三元复合肥30kg，耙平耙实，然后覆膜。4月中旬，在膜中间打穴，移栽1行西瓜，株距45cm。

6月下旬大蒜收获，7月中旬西瓜收获后及时整地，亩施优质有机肥3 000kg、45%氮磷钾三元复合肥20~30kg，结合耕翻均匀翻入耕作层，耙平耙实，起埂作畦。7月底8月初足墒播种大白菜，行距50cm。及时间苗、定苗，苗距40cm。

此栽培模式，亩产菠菜500~700kg、大蒜亩产量600kg左右、西瓜亩产量2 000kg左右、大白菜亩产量4 000~5 000kg。

54. 小拱棚青棒玉米—大蒜—苋菜

(1) 茬口安排

春季种植青棒玉米，在3月中旬育苗，4月上旬移栽，7月上中旬采收结束；大蒜在 8 月下旬播种，春节前收获；然后抢播苋菜，在春节前播种，3 月底前全部上市。

（2）栽培要点

青棒玉米选用优质、丰产潜力大、抗逆能力强、早熟性好的玉米品种。玉米是耐肥作物，要施足基肥，每亩施进口复合肥 40kg，在移栽前及早耕翻田块，施腐熟的有机肥5 000kg。4 月上旬苗长到 3~4 叶时，采用小苗带土移栽，行距 0.6m，株距 0.2~0.3m，每亩密度为5 000株左右。生长期内采用“苗肥+穗肥”两次施肥，具体做法：4 月 10—20 日结合培土施苗肥，每亩可追施平衡型大量元素水溶肥 3~5kg；在 5 月中旬可见叶 9~10 片时施穗肥，每亩用尿素 15kg、磷肥 20kg。玉米抽雄前后一个月是需水量最多、对产量影响最大的时期，此期缺水，会影响抽雄开花，影响灌浆，降低产量，少雨干旱年份要及时检查，发现土壤干燥要及时灌水；如遇雨水过多年份，积水会导致根系生长发育不良，生长缓慢，遭受涝害，要及时排水。7 月上旬，当玉米花丝呈褐色且未干枯时分批采收。

大蒜选用早熟高产品种“二水早”，该品种休眠期短，适应性广。在玉米采收后，立即耕翻晒垡，基肥在耕翻前施入，在播种前再整地作畦，一般畦宽 1.5~2m，以东西向延长为好，在 8 月下旬至 9 月上旬播种。一般每亩用种量为 200kg，将种瓣插入土中，播后盖土 2cm 左右，然后浇透水。为防止干旱，可在土上覆盖一层稻草或其他保湿材料。随天气转冷，11 月中下旬及时加扣小拱棚，并根据天气情况增加覆盖物，1 月根据市场价格，采收青蒜苗陆续上市，到春节前采收完毕。

苋菜选用耐寒性强、高产优质的圆叶红苋菜。在青蒜采收后及时整地，每亩施腐熟有机肥2 000kg、磷酸二铵 50kg，深翻耙平后，做成宽 1.2m 的平畦。在春节前播种，为提高地温，采用双膜覆盖。每亩用种量 1kg，播后覆土 0.5cm，盖土后浇水，然后畦面用地膜覆盖，上面再覆盖 0.8m 高的小拱棚，以提高温度，促进早萌发、早生长。在播后 35~40 天，一般在 3 月中下旬、苗高 9~13cm、有 4~5 片叶时进行第一次间收，即间拔一些过密植株。随春季温度上升，当苋菜植株高达 15~20cm 时，及时采收上市。

此栽培模式每亩可产青棒玉米产量1 200~1 500kg、大蒜青苗亩产量2 000kg左右、苋菜亩产量1 000kg左右。

55. 小拱棚菠菜//洋葱/青玉米/萝卜

（1）茬口安排

10月中旬施肥整地后播种菠菜，元旦至春节前后分批采收上市；9月中旬进行洋葱育苗，11月上旬至中旬移栽洋葱，翌年5月底收获；菠菜收后歇地两个月，于5月上旬换茬播种玉米，7月底8月初收获；洋葱收后歇地1个月，于7月中旬（头伏期间）起垄播种萝卜，9月底收获。

（2）栽培要点

秋收腾茬后，于10月初结合深翻细耙，每亩施腐熟有机肥4 000kg、45%氮磷钾复合肥20~30kg，先撒后耕，一定做到均匀用肥。10月5日前后趁墒结合施基肥深耕细耙，然后按东西走向扒成平畦，畦宽100cm，畦长由地块决定，畦埂宽30cm，埂高15cm。10月中旬在畦埂南侧40cm宽度内播种3行越冬菠菜，保持行距10cm；11月上中旬在畦埂北侧60cm宽度内移栽3行洋葱，保持行距15cm；菠菜采收后，于5月初播种2行玉米，行距30cm，北边1行应紧挨畦埂。洋葱收获后，田间格局变化为玉米宽窄行种植（100+30cm）。6月15日为配合玉米大喇叭口期二次施肥，铲平畦埂，围绕窄行起两道玉米垄，每道垄宽25cm、高15cm，两玉米垄总宽50cm。这时玉米宽行平地宽度80cm。7月15日在80cm宽的平地上施肥整地后，起两道萝卜垄，每道垄宽25cm、高20cm（比玉米垄略高），两垄之间预留垄沟宽30cm。

菠菜选华菠1号，于10月中旬播种。先在40cm宽的菠菜畦内开出3条浅沟，沟距10cm，深约2cm，再将种子均匀撒于沟中，每亩用种量2kg，播后抹平洒水。冬菠菜可于元旦至春节期间分批采收上市，采收时要注意采大留小、采密留稀。

洋葱选金球3号，可在11月上中旬定植。每亩用100g扑草净对水50kg喷于60cm宽的葱畦上，再覆盖60cm宽地膜，将地膜四周用土压实。次日在60cm宽葱畦内用2cm粗的尖头木条扎孔3行，行距15cm，株距保持13cm，孔深2~3cm，孔内放苗后浇定根水。洋葱于翌年 5 月底至 6 月初当葱叶有大半枯萎变黄而又未完全枯萎时一次性采收。

玉米选京甜紫糯 2 号、京科糯2 000等糯玉米品种。5 月初在原菠菜茬内用点播器种 2 行玉米，株行距 30cm 见方，穴深 3cm，每穴 2 粒，北边一行应紧靠畦埂。一般吐丝后 22～23 天进行田间调查，玉米棒籽粒饱满，用指甲刺破种皮有少量浆液溢出，即为采收适期，需及时采收上市。

萝卜选丰光一代。7 月中下旬先在洋葱茬内撒肥料，每亩撒 45%氮磷钾复合肥 30～50kg、草木灰 50kg。然后整地起垄，在两道萝卜垄上采用穴播法直播，行距 55cm，株距 25cm，每穴 3～5 粒，深 1. 5cm。秋萝卜于 10 月待肉质根充分肥大后选择晴天及时采收。

此栽培模式一般亩产菠菜 500kg 左右、洋葱亩产量3 000kg 左右、鲜食玉米亩产量 700kg 左右、萝卜亩产量3 000kg 左右。

56. 小拱棚鲜食玉米—西兰花—菠菜

（1）茬口安排

鲜食玉米一般于 3 月底至 4 月初采用地膜覆盖播种，7 月上中旬收获；西兰花于 7 月上旬播种育苗，8 月上中旬定植至大田，11 月中旬收获结束；菠菜于西兰花收获后及时播种，1 月初起分批收获，3 月初收获结束。

（2）栽培要点

鲜食玉米品种要求生长势强、果穗大小均匀、籽粒排列整齐、甜糯适宜、香味纯正、口感细腻，如京甜紫糯 2 号、京科糯2 000等糯玉米品种。种植前施足基肥，亩施优质商品有机肥1 000～1 500kg、玉米专用复合肥 40～50kg。基肥施入后，及时深翻土壤，深度在 20～25cm，并进行精细整地。当地温（5～10cm）稳定在 10℃左右时即可播种，播种前晒种 1～2 天，开穴点播，每穴播种 2～3 粒，播种完成后及时覆盖地膜。当秧苗长至三叶期时及时间苗，4 叶 1 心时定苗。鲜食玉米的种植密度要保证每亩在4 000～4 500株。

西兰花选择优质、高产、抗逆性强、商品性好、耐贮运的品种，如碧绿依、炎秀。鲜食玉米收获后，及时清洁田园并耕翻晒垡。移栽前施足基肥，基肥一般每亩施用有机肥1 000～2 000kg、45%氮磷钾三元复合肥 20~25kg、硼肥 0.5kg。基肥施入后及时深翻土壤，深度以 25~30cm 为宜，并做成高畦。一般畦宽 2.5m，畦高 0.2m 左右。株行距以 40cm×50cm 为宜。西兰花花球长至直径 12~14cm、苞蕾未开放、形态完整、主花球紧实且呈鲜绿色时为采收适期。

菠菜品种应选择品质佳、产量高、抗性好的品种，如日本法莲草、急先锋等。西兰花收获后，应及时清沟理墒，并施基肥和整地。由于菠菜生育期较短，因此基肥要施足，一般每亩施用商品有机肥 1 000kg、三元复合肥 30kg 左右，基肥下田后进行耕翻做畦，畦宽 2.5m、畦高 15cm。菠菜可以撒播，播种后及时加盖小拱棚，并根据天气情况进行放风和覆盖。当菠菜植株长到 20~25cm 高时，即可收获上市。

此栽培模式一般亩产鲜食玉米 1 200~1 500kg、西兰花亩产量 1 200kg 左右、菠菜亩产量 1 500kg 左右。

三、一地多种蔬菜日光温室高效种植技术

1. 菜豆//甘蓝/辣椒/西葫芦

(1) 茬口安排

冬春茬菜豆 12 月上旬育苗，1 月上旬定植，3 月中旬始收，5 月底拉秧；冬春茬套种结球甘蓝在菜豆定植的同时在大行内定植（11 月下旬育苗，1 月上旬定植，3 月底 4 月初采收）；辣椒 3 月下旬播种，5 月上旬定植，9 月下旬拉秧；秋冬茬西葫芦 9 月上旬直播，10 月中旬采收，12 月下旬拉秧。

(2) 栽培要点

冬春茬菜豆选用耐低温、弱光，开花结荚早，产量高、品质好、抗病性强的蔓生品种，常用品种有绿龙、棚架豆 2 号等。定植苗龄按日历苗龄算 35~45 天，按生理苗龄算 6~8 片叶。每亩施腐熟优质农家肥 5 000kg，三元复合肥（N-P-K=15-15-15）30kg、过磷酸钙 40kg，深翻土壤 30cm。1 月上旬移栽，大行距 70cm，小行距 50cm，墩距 30cm，每墩 2 株。

结球甘蓝选用抗病、早熟、耐抽薹的中甘 11 号。11 月下旬播

种，在日光温室内采用72孔穴盘点播育苗。苗期尽量提高棚室内温度以防低温春化而未熟先薹。在菜豆定植的同时在大行内定植甘蓝，株距30cm。

越夏辣椒选择抗病虫、耐高温、优质、高产、商品性好、适合市场需求的无限生长型品种，如康大301、国福208、国研1号。3月下旬播种育苗，甘蓝收获后及时整地，沟施腐熟有机肥2 000kg、45%氮磷钾复合肥25kg，充分混匀肥料和土壤，5月上旬定植，按株距30cm，套种于菜豆行间。

西葫芦应选择茎蔓矮生、株型紧凑、耐寒、抗病、高产的品种，如法国冬玉、早青一代等绿色果实的品种。定植前每亩沟施腐熟有机肥2 000kg、氮磷钾复合肥30kg、腐熟豆饼100kg，深翻30~40cm。9月上旬室内直播，大行距70cm，小行距50cm，株距40cm。西葫芦套种于辣椒行间，占据原来菜豆的种植空间。

此栽培模式每亩菜豆产量1 500~2 000kg、甘蓝亩产量1 500kg左右、辣椒亩产量2 000kg左右、西葫芦亩产量4 000kg左右。

2. 日光温室结球甘蓝—黄瓜—辣椒

（1）茬口安排

冬春茬结球甘蓝12月上中旬育苗，2月中旬定植，4月上中旬收获；春茬黄瓜2月中旬育苗，4月中旬定植，7月中旬拉秧；秋延后辣椒5月中旬育苗，7月下旬定植，1月下旬拉秧。

（2）栽培要点

甘蓝选用中甘11号、12号等。定植前每亩施腐熟农家肥5 000kg、45%氮磷钾复合肥25kg。2月中旬按行距35cm、株距33cm定植，缓苗后适当降温，及时中耕。莲座后期及包心期各追肥1次，每次亩追施尿素10~15kg，包心期保持土壤湿润，并注意防虫。

春黄瓜选用长春密刺、新泰密刺等良种，在室内用营养钵育苗。定植前每亩施农家肥5 000~6 000kg、45%氮磷钾复合肥25kg。整地起垄后，按行距50cm、株距25cm在垄上开沟，每垄定植两行，放苗后浇水，水渗后封垄，覆盖地膜。

辣椒选用牛角椒、931辣椒等品种。定植前每亩施发酵好的优质圈肥5 000kg以上、45%氮磷钾复合肥20~25kg，定植前及缓苗后喷施83增抗剂以防病毒病。起垄栽培，双株定植，行距50cm、墩距30cm，定植后浇水。前期注意遮阳、防雨，10月中旬扣棚膜，追肥以氮肥和钾肥为主。11月下旬开始采收，后期保持适宜的温湿度，可集中供应元旦和春节市场。

此栽培模式，冬春茬结球甘蓝每亩产量3 000~3 500kg，春茬黄瓜每亩产量3 500kg左右，秋延后辣椒每亩产量2 500kg左右。

3. 日光温室秋冬茬菜豆＊甘蓝（结球生菜）//茼蒿（小茴香）

（1）茬口安排及田间布局

菜豆播期在9月上旬较好，可提前育苗，苗龄25天左右，也可直播；甘蓝（结球生菜）应育苗移栽，适宜苗龄30天左右，9月上中旬至10月上中旬为适宜的定植期，上市时间为12月上旬至翌年1月中旬；菜豆行间套作的茼蒿、小茴香一般从直播到收获45~50天，可以连续倒茬轮作3~4茬。

温室内从北到南做成长10m、高20cm的小高垄，垄间距30cm，菜豆种植行南北长7m左右，后3m左右移栽甘蓝或结球生菜。每4垄菜豆留宽2m做平畦，畦面宽80cm，两边畦埂宽60cm，直播或定植前7天覆好地膜，平畦内播种小茴香或茼蒿。

（2）栽培要点

秋冬茬菜豆栽培要选择耐弱光、耐低温、坐荚率较高的品种，如绿龙系列芸豆；甘蓝选择耐低温、耐弱光的品种，如中甘11号、8398；结球生菜选择美国结球生菜。

7—8月温室闲置时间进行高温闷棚。将棚内土壤深翻后封闭棚膜10天左右闷棚，高温杀死杂菌。也可将肥料一同撒入棚内，每亩施腐熟的圈肥8 000kg或腐熟鸡粪5 000kg，再高温闷棚效果更好。高温闷棚后深翻30~40cm，要土肥混合均匀。9月初将温室内从北到南做成长10m、高20cm的小高垄，垄间距30cm，每亩施三元复合肥（N-P-K=15-15-15）30~50kg，集中施到垄上。

小高垄上前7m种植菜豆，穴距30cm左右，每亩栽3 500穴左右，每穴2株，垄上开穴以刚埋没营养钵坨为宜，通常深12cm。后3m左右移栽甘蓝或结球生菜，甘蓝株距25cm（结球生菜株距20cm）。定植7天后再浇一次小水，没有滴灌的地块，浇水4天后垄间浅中耕，以利排湿、提温保墒，同时喷77%硫酸铜钙可湿性粉剂100倍液1次。定植完菜豆、甘蓝（生菜）后，再在平畦内播种小茴香、茼蒿。

甘蓝（生菜）定植后，一般9月20日前，在宽80cm平畦内种植茼蒿、小茴香。播前先浸种，除去秕籽，平畦内浇透水，待水渗下后均匀撒种，再覆土1.5cm厚即可。茼蒿45天左右1茬，随后改种小茴香，小茴香可连割2茬，约间隔70天，再重新播种茼蒿，两者交替轮种。

此栽培模式，每亩日光温室秋冬季可产菜豆2 500kg左右、甘蓝或结球亩产量生菜1 500kg左右、小茴香亩产量750kg左右、茼蒿亩产量1 000kg左右。

4. 温室辣椒/丝瓜—秋甘蓝

（1）茬口安排

大棚辣椒生育期长，10月上旬播种，一般在12月上旬定植，翌年3月开始上市，抢占早春蔬菜市场；丝瓜1月下旬播种，于3月中旬定植，7—8月上市填补伏缺；秋甘蓝6月下旬至7月上旬播种，于8月上旬定植，国庆节前后上市。三茬前后衔接弹性大，在辣椒行间套作丝瓜，辣椒收获后经耕翻整地移栽秋甘蓝。

（2）栽培要点

辣椒选择耐低温、抗病、高产、优质、商品性好的“京椒5号”“苏椒5号”等品种。棚内做成2m宽的畦，每畦4行，行距40~50cm、株距30~40cm，种植密度每亩4 000~5 000株。辣椒在7月上旬采收结束后迅速清棚腾茬。

丝瓜选用早熟、高产、优质、抗病、耐热的“五叶香”“六叶生”等品种。丝瓜间作在辣椒行间，每2行辣椒套作1行丝瓜，行距80~100cm、株距60~80cm，种植密度2 000~2 500株每亩。

秋甘蓝选择“京丰1号”“8398号”等耐热、生长期短的品种。整地做成1m宽的畦，每畦2行，株行距30~40cm，种植密度4 000~5 000株每亩。

此栽培模式辣椒亩产量5 500~6 000kg，丝瓜亩产量2 500~3 000kg，秋甘蓝亩产量3 000~3 500kg。

5. 日光温室秋冬芹菜—早春番茄—夏豇豆

（1）茬口安排

秋冬茬芹菜6月下旬育苗，8月底至9月初定植，12月初采收；番茄12月上中旬播种育苗，翌年1月底定植，从4月底开始采收，5月底采收结束；豇豆5月底直播，8月中旬采收结束。

（2）栽培要点

芹菜可选用高产、抗寒、生长迅速的西芹品种，如尤文图斯、文图拉；芹菜由于用苗量大，产值不高，生产上以自育苗为主。定植前浇足底墒水，施足基肥。每亩施腐熟有机肥5 000kg、45%氮磷钾复合肥20~30kg、硼肥1.0kg。全田撒施，深翻土壤30cm以上，做宽1.5~2.0m的平畦。定植行距15~17cm，株距15cm，每亩保苗2.5万~3.0万株。芹菜株高70~80cm，单株质量达0.3~0.4kg时即可一次性采收。

番茄品种选用早熟、耐低温、果形好、抗病性强的粉红果品种，如朝研299、福帅粉王等。定植前10天将日光温室的栽培床翻耕30cm以上进行晒垡，结合整地，每亩施有机肥3 000kg、45%氮磷钾复合肥25kg，撒于土壤表面，肥与土壤混合均匀，耙平整细。采用南北向宽窄行栽培，并按垄高15~20cm、垄宽80~90cm、垄距40~50cm的规格起垄，垄面中间南北向铺设2条滴灌带。每亩定植3 000株左右，单垄双行定植，行距50cm左右，株距35cm左右。

豇豆选用耐热、抗逆性强的品种，如丰豇青优、黑眉6号和黑眉7号。番茄采收结束后，清理田园，浇水造墒，结合整地，每亩施45%氮磷钾复合肥30kg，深翻30cm、细耙。一般采用平畦，畦宽1.2m。播前浇1次大水，1~2天后开沟播种，在沟内按预定株距点播，沟深3~5cm，覆土7~10cm厚，即浅开沟多覆土。覆土后成一小垄，既能防旱、防大雨，还可防止地温升高，有利于种子发芽和幼苗根系生长。夏茬豇豆栽培以稀植为宜，双行种植，穴距24~30cm，每穴2~3粒种子。每亩播种量2~3kg。当幼苗长至3~4片真叶时进行间苗并定苗，每穴1株，定苗后封好定植穴。

该种植模式芹菜每亩产量5 000kg左右，早春番茄每亩产量5 000kg左右，夏茬豇豆每亩产量3 000kg左右。

6. 温室芸豆/丝瓜—芹菜

(1) 茬口安排

早春芸豆于11月上旬育苗、12月中旬定植，翌年3月底至5月中旬采收；丝瓜2月上旬育苗，3月下旬定植于芸豆行间，7—9月采收；冬季芹菜于7月下旬育苗，9月下旬定植，12月上旬收获。

(2) 栽培要点

芸豆选用性状稳定、适应性强、结荚性好、货架期长、早熟稳产的农家品种—老来白。定植前及时整地起垄，垄高15cm、宽70cm，垄间距40cm。起垄时要施足基肥，一般亩施腐熟有机肥5 000kg，三元复合肥30~50kg，豆饼等饼肥150kg。垄上覆盖黑地膜，有利于增温保墒，控制杂草。定植时在膜上打孔双行定植芸豆苗，行间距50cm，墩距40cm。

大棚丝瓜生长正值高温多雨季节，应选择耐高温、结瓜早的粗短型丝瓜品种。丝瓜定植时间为3月下旬，此时正值芸豆开花结荚盛期，与芸豆同行定植，定植于芸豆行间，每隔3墩芸豆定植1株丝瓜，定植密度以每亩800株左右为宜。5月下旬，芸豆结荚盛期已过，丝瓜蔓爬到芸豆上部时，将丝瓜顶心摘除，促发侧枝。随着芸豆根系的拔出，藤蔓失水枯萎，丝瓜开始进入开花结瓜期。

秋冬季芹菜选用市场畅销、品质好、单株重、产量高的美国西芹类品种。大棚丝瓜生长到9月上旬，结果盛期已过，此时结束丝瓜生长，移除藤蔓，尽快深翻整地，定植芹菜苗。整地时一般每亩施优质腐熟有机肥2 000~3 000kg、三元复合肥30kg、豆饼150kg。定植行距40cm、株距25cm。

此栽培模式每亩可生产早春芸豆3 200kg左右、丝瓜2 000kg左右、芹菜5 000kg左右。

7. 日光温室芹菜—厚皮甜瓜—大白菜

(1) 茬口安排

冬茬芹菜7月上旬露地育苗，9月上旬定植，12月下旬清茬；冬春茬厚皮甜瓜于1月上旬播种育苗，2月中下旬定植，4月中旬开始采摘，7月中旬拉秧；秋茬大白菜7月中旬定植，9月上旬收完。

（2）栽培要点

芹菜常用品种有文图拉、玻璃脆、高优它、加州王等。亩施腐熟农家肥4 000~5 000kg、45%氮磷钾复合肥20~30kg，翻耕整地做畦。4~5片叶时按行距12cm、株距12cm定植。

厚皮甜瓜选用伊丽莎白、丰甜、状元等优良品种。亩施腐熟圈肥4 000kg、鸡粪1 000kg、45%氮磷钾复合肥35kg作基肥，定植田做成80cm宽的大宽垄，每垄种2行。早熟品种株距35~40cm，中晚熟品种40~45cm。

大白菜常用品种有北京小杂50、夏阳、津绿80、津青70等。亩施腐熟农家肥3 000~4 000kg，并施入45%氮磷钾复合肥20kg。按行距50cm、株距40cm起垄栽培。

此栽培模式芹菜一般每亩产量5 000kg左右、厚皮甜瓜亩产量2 500kg左右、越夏大白菜亩产量4 500kg左右。

8. 温室菜豆—花椰菜—茄子

（1）茬口安排

5月上旬播种菜豆，5月下旬移栽，8月收获完毕；7月花椰菜播种，8月移栽，11月底收获完毕；10月初茄子播种，12月移栽到温室内，5月中下旬收获完毕。

（2）栽培要点

菜豆选产量高、商品性状好的品种“九粒白”，选择晴天的上午晒种2~3天，然后播种。定植前深耕深翻，每亩施腐熟圈肥4 000kg、复合肥30~50kg，整平耙细，并做畦。菜豆穴距25cm，大行距80cm，小行距40cm。

花椰菜选种“精选雪皇60天”，选晴天晒种2天，常温浸种8小时后播种。在育苗床上搭建拱棚，棚膜放风口处加防虫网。拱棚外盖遮阳网防烈日照射。菜豆拉秧后，耕翻整平地面，每亩施圈肥2 500kg，按行距50cm做畦，穴距50cm。花球长出后，要注意遮盖花球，防止阳光直射后花球变色，降低品质，可从植株基部折下1~2片老叶盖在花球上。当花球长大、质地致密，花球表面光滑、未散球时为采收适期。

茄子选抗逆性强、产量高的“济南早小长茄”。移栽前耕翻

25cm，每亩施圈肥4 500kg，氮、磷、钾含量各15%的复合肥30kg，草木灰100kg。移栽前10天盖温室膜，每亩日光温室用2.5kg硫黄粉，与拌上80%敌敌畏乳油300g的锯末混合点燃，并密闭温室进行杀菌灭虫。每隔1.2m宽为1个条带，按株距40cm、小行距50cm、大行距70cm移栽。

此栽培模式菜豆一般亩产量2 000kg左右、花椰菜亩产量1 500~2 000kg、茄子亩产量4 500kg左右。

9. 日光温室西瓜—豇豆—油麦菜

（1）茬口安排

西瓜于2月上旬育苗，3月上中旬定植，5月上中旬陆续收获上市；豇豆于5月下旬抢时播种，采用营养钵育苗或大田直播的方法种植均可，9月下旬至10月上旬拉秧；油麦菜于9月中下旬育苗，10月中下旬定植，“元旦”到“春节”适时收获。

（2）栽培要点

西瓜选择早熟，耐低温、耐弱光、植株生长势强，易坐果，中小果型，皮薄而韧，耐贮运，糖度高且梯度小、品质优良的西瓜品种，如“早春红玉”“京颖”“京秀”“早红蜜”等。西瓜是一年三熟栽培模式的主茬，在时间安排上要以西瓜为主，确保本茬在最佳时期播种、定植和收获。垄宽1.0m，高10~15cm，垄沟宽40cm。垄上面铺滴灌，滴灌管上面铺地膜，定植前10天覆地膜，增加地温。按行距50cm，株距50cm，一垄双行栽植，大小苗分级栽培，剔除病残弱苗。

豇豆选择早中熟，叶小，荚条好，产量高，耐热，综合性状好的品种，如“之豇28-2”“早豇2号”“皇豇”“青豇80”等。5月中下旬西瓜采收结束后及时施肥整地，直播豇豆或育苗移栽。育苗移栽要在定植前25~30天进行穴盘或营养钵育苗。整地前亩施硫酸钾型氮磷钾各15%的复合肥50kg，耙碎耧平做成宽1.1m、高10cm的栽培畦，每畦直播或定植2行，株距25cm。直播时每穴播种3~4粒，3片真叶时每穴留苗2株。

油麦菜选择耐寒、抗病、直立、生长势强、丰产优质的品种，如“方震四季快速油麦菜”“泰国四季油麦菜”“绿林天成无斑油麦菜”“泰国四季香无斑油麦菜”等。9月中下旬露天苗床育苗，每定植1

亩需要苗床面积 10~15m²。10 月中下旬定植。定植前每亩施优质的硫酸钾型复合肥 30kg，深耕耙碎耧平做畦，畦宽 1.5m。选择健壮无病害幼苗，大小苗分开定植。按行距 20cm、株距 15cm、亩密度 2.2 万株定植。

此栽培模式西瓜一般亩产量 2 500kg 左右、豇豆亩产量 1 500~2 500kg、油麦菜亩产量 2 000kg 左右。

10. 温室黄瓜—芹菜—生菜

（1）茬口安排

冬春茬黄瓜 12 月中旬播种育苗，2 月中旬定植，3 月下旬开始采收，6—7 月采收结束；秋延后芹菜 7 月上旬播种育苗，9 月上旬定植，11 月上旬开始采收；冬茬生菜 10 月中旬播种，11 月下旬定植，1 月上旬开始采收。

（2）栽培要点

冬春茬黄瓜宜选择耐低温、抗病性强、中早熟、商品性好的品种，如津春 3 号、津优 32 号等，嫁接砧木采用亲和力好、根系发达、耐寒、抗病性强的黑籽南瓜。定植前 10~15 天扣棚，进行田间清理。亩施充分腐熟农家肥 5 000kg，三元复合肥 30kg，深翻整地，并用 45%百菌清烟剂闷棚消毒。当苗长到 3 叶 1 心时采用双高垄地膜覆盖栽培，在晴天按大行距 80cm，小行距 50cm，垄高 30cm 起垄覆膜，按株距 20~25cm 打孔，栽苗，浇水，封穴，土坨表面与垄面相平或稍高于垄面，每亩一般栽植 3 000~3 500株。

秋延后芹菜选用抗病、适应性强、产量高的西芹文图拉、意大利冬芹、西芹一号等。前茬作物收获后及时清园消毒。每亩施腐熟农家肥 5 000kg，三元复合肥 25kg，硼肥 0.5kg。深翻 25~30cm，整地做 1.2m 宽的畦，平整畦面栽苗。苗高 10cm 左右时定植，在定植前一天苗床浇足水，在畦内按行距穴栽，每畦栽 5 行，西芹每穴 1 株，培土以埋住根茎，露出心叶为宜，不可过深过浅。株距 20~25cm，每亩栽植 1.5 万~2 万株。定植到缓苗期要勤浇小水，保持土壤湿润降低地温。在缓苗后，应控制浇水，促进发根，防止徒长，进行蹲苗，并进行浅中耕。蹲苗结束后，株高 15cm 左右时结合浇水，追施尿素 10kg，一般 10 天左右追 1 次肥，每隔 5~7 天浇 1 次水。霜冻前扣棚，棚内白天温度保持在20℃左右，夜间10℃左右，空气相对湿度80%左右。采收要整株采收。

冬茬生菜宜选择耐低温、弱光、高产、抗病、商品性好的品种，如美国大速生、奶油生菜、大湖659等。前茬作物收获后及时清园。亩施腐熟有机肥5 000kg，三元复合肥20~30kg。深翻25cm，整地耧平做成宽1~1.2m、长5~8m的平畦。定植前对棚室进行消毒，每亩棚室用硫黄粉2~3kg加80%敌敌畏乳油0.25kg拌上锯末，分摊点燃，密闭一昼夜，经放风无味时定植。当幼苗长到5~6片真叶即可定植。起苗时多带土护根，栽植深度以埋住根为宜，不可埋住心叶。株距30~35cm，行距35~40cm，每亩栽植5 000~5 500株。一般在定植后40~50天开始收获。

此栽培模式每亩可产黄瓜10 000~15 000kg、芹菜5 000kg左右、生菜1 500~2 000kg。

11. 日光温室春黄瓜—秋番茄—冬生菜

（1）茬口安排

春茬黄瓜12月上中旬播种育苗，1月中下旬定植，6月中旬采收结束；秋茬番茄6月上中旬播种育苗，7月上中旬定植，11月中下旬结束生产；冬茬生菜于10月下旬育苗，12月初定植，元旦、春节期间采收上市。

（2）栽培要点

春茬黄瓜一般选用津优系列和德瑞特系列黄瓜品种。定植前亩施腐熟猪圈粪或马粪5 000~6 000kg，三元复合肥（N-P-K=15-15-15）20~25kg。底肥采用全面撒施和集中施用相结合：2/3撒施，1/3集中沟施。大垄单行栽培，株距17cm左右。黄瓜生长进入结瓜期，白天25~32℃，不超过34℃，夜间16~18℃，后半夜12~14℃。一般天气好时，7~8天追一肥，3~4天浇一水，每亩每次追施大量元素水溶肥3~5kg。

秋茬番茄一般选用汉姆1号、汉姆7号等品种。清理前茬作物，每亩施腐熟有机肥3 000~5 000kg，45%三元复合肥20kg，然后深耕整平。选阴天或是晴天的傍晚进行定植，采取平畦方式栽培，行距100cm，株距25cm，每亩定植密度为2 600株。边栽边浇水，以保证成活率。根据市场销售行情，进行采收，有的可以一直采收到 11 月中下旬。

冬茬生菜选用美国大速生。定植前要平整土地，亩施腐熟有机肥 5 000kg，做长为 6m、宽为 1m 的小高畦或平畦。把畦面用耙子耧平，定植前一周浇 1 次透水造墒。定植时按株行距 20cm 交错定植，起苗时尽量多带土坨，以免伤根系。定植后浇少量定植水。过 5~6 天缓苗后浇一次水，这时随水亩施尿素 15kg，半个月后每亩再结合浇水施 15kg 的尿素。生长期间，白天保持温度 20~25℃，夜间为 8~15℃。生长期间，10~12 天叶面喷施一次 0.5%的尿素溶液。

此栽培模式春茬黄瓜每亩产量为 15 000kg 左右，秋茬番茄每亩产量为 6 000~7 000kg，冬茬生菜每亩产量为 2 000kg 左右。

12. 日光温室深冬生菜—春番茄—秋芹菜

(1) 茬口安排

生菜于 10 月下旬至 11 月上旬播种育苗，11 月下旬至 12 月上旬定植，元月上旬到春节前后采收；番茄于 12 月中旬播种育苗，3 月上旬定植，采收期 5 月上旬至 7 月下旬；芹菜于 6 月末育苗，8 月中下旬定植，10 月下旬至 11 月初收获。

(2) 栽培要点

深冬茬应选择耐低温、弱光照、早熟、丰产、抗病、商品性好的生菜品种，适宜品种有美国大速生、花叶生菜和玻璃生菜等。生菜为浅根系，主要靠须根吸收肥水，故整地时土壤要深耕细作。定植前施足基肥，亩施腐熟农家肥 3 000~3 500kg，撒施后深翻、浇足底水，见干后作畦，深冬茬栽培以高畦覆膜栽培为好。畦高 10~15cm，宽 70cm，沟宽 30cm。定植时先在畦面开沟，沟深 4~6cm，每个畦面栽 3 行，开沟后每亩施入 45%氮磷钾复合肥 20~25kg，然后灌水，水渗后按株距 24cm 摆苗培土封沟，将畦面耙平，覆地膜，引苗出膜。缓苗后温度保持在 18~22℃，结球期适温以白天 20~22℃，夜间 12~15℃为宜。定植后浇缓苗水，以后浇 3~4 次水，结合浇水每亩每次追施高氮型大量元素水溶肥 5kg。采收前停止浇水，以利贮运。

早春茬番茄选择早熟、抗病、连续坐果能力强、精品果率高、抗逆性强、适应性广的番茄品种，适宜品种有东圣、中研 100、悦佳、大连 106、华比新粉、中杂 106 等品种。12 月中旬播种育苗，每亩用种量为 25～30g。每亩施入充分腐熟的优质农家肥6 000kg，生物有机肥 100kg，45%氮磷钾复合肥 25kg，充分混拌均匀，平铺深翻 40cm 耙平，做成南北向宽窄行小高垄备用。3 月上旬定植，苗龄 80～90 天。适当稀植，株距 30～35cm，大行距 80cm，小行距 60cm，每亩定植2 900～3 000株。

秋延后芹菜选择植株高大，叶柄粗实，叶柄、叶片深绿，口感脆嫩，耐低温，抗病性强，产量高的美国文图拉西芹。一般在 6 月末播种育苗，8 月中下旬，苗龄 50 天左右时定植。在畦内按 36cm 行距开沟，按株距 18cm 双株栽植，每畦栽 3 行，每亩保苗 2 万株左右。

此栽培模式生菜亩产量2 000kg 左右，番茄亩产量7 000kg 左右，芹菜亩产量7 000～8 000kg。

13. 温室茎用生菜—番茄—甜椒

（1）茬口安排

茎用生菜于 8 月上旬育苗，9 月上旬移栽，11 月底生菜收获；番茄于 10 月底育苗，12 月中旬移栽定植，5 月中旬收获结束；甜椒于 4 月中下旬育苗，5 月中下旬定植，8 月底到 9 月初采收结束。

（2）栽培要点

9 月上旬在设施内移栽生菜，行距 40cm，株距 25cm，每亩种植6 700株左右。11 月底茎用生菜收获后移栽番茄，大行距 0. 93m，小行距 0. 45m，株距 0. 30m，每亩种植3 200株左右。番茄收获后，5 月中下旬定植甜椒。

茎用生菜选用“申选 3 号”“特选三青皮”等品种。生菜每亩施腐熟农家肥1 000kg 加 45%氮磷钾复合肥 20～25kg，开沟深施，移栽后浇足活棵水，土壤要经常保持湿润。棚内气温白天保持在 25～28℃，空气相对湿度不宜超过 80%，根据天气情况进行通风换气调节温湿度。生菜活棵至收获追肥 3 次，定植活棵后追第 1 次肥，每亩施薄粪水 500kg；隔 7 天左右追第 2 次，每亩施尿素 7. 5kg，以促进发棵；15 天后追第 3 次，每亩施尿素 10kg，以促进肉质茎膨大。

番茄选用“申粉 906”“申粉 908”等品种。番茄移栽前每亩施腐熟农家肥4 000kg 加复合肥 25kg 作基肥，秧苗定植后 1 周内少通风，以保温为主。缓苗后棚内气温白天保持在25~28℃，空气相对湿度不宜超过80%，根据天气情况进行通风换气调节温湿度。

甜椒选用“中椒5号”“苏椒5号”等品种。甜椒于7月上旬育苗，8月上旬定植，定植前每亩施腐熟粪肥2 000~2 500kg、复合肥30kg作基肥。甜椒的追肥技术要点是：重苗水，轻苗肥，重果肥，轻花肥，水带肥浇。10月上旬视天气情况及时盖膜，提高夜间温度，晴天中午通风调温。门椒采收后，将第一分枝以下的老叶全部打掉，以利通风透气。

此栽培模式茎用生菜亩产量3 000~4 000kg，番茄亩产量7 000kg左右，甜椒亩产量2 500~4 000kg。

14. 厚皮甜瓜/豇豆—南瓜—生菜

（1）茬口安排

厚皮甜瓜12月中下旬播种，2月上旬定植，6月上中旬采收完毕；豇豆5月上中旬套种于甜瓜田，7月下旬开始采收；迷你南瓜8月上旬播种，8月底定植，11月中下旬分批采收；散叶生菜10月下旬播种，12月中旬定植，翌年1月下旬到2月初采收。

（2）栽培要点

厚皮甜瓜选用天绿、苏网1号、春丽等品种。每亩施腐熟有机肥3 000kg、三元复合肥30~50kg，均匀撒施。耕翻做畦，畦面宽1m，畦沟宽0.4m，畦高0.25m，畦面铺设2道塑料滴管，铺设地膜并将膜四周封严。2月上旬选晴好天气定植，采用“三角形”定植法，每畦2行，行距60cm，株距40cm，每亩栽1 800株左右。厚皮甜瓜从授粉到成熟一般需40~60天。

豇豆需选用耐热品种，如姑苏玉豇、翠皮肉豇、扬豇40和之豇28-2等。5月上中旬在甜瓜植株旁采用免耕直播套种方法，每穴播3~4粒，亩用种量约1.5kg，播种前将甜瓜的基部老叶打掉。播种后保持土壤湿润，出苗后十天左右每亩用平衡型大量元素水溶肥5kg随水追肥。以后根据植株长势情况进行追肥水。第一花序开花时亩用平衡型大量元素水溶肥3kg随水追肥。进入采收高峰时亩用磷酸二氢钾20kg追肥水。植株管理方面：植株4~5片真叶时，及时清除套种在棚内的甜瓜藤。用剪刀从基部向上分段剪除，并要小心不能碰伤豇豆植株。植株 6~8 片真叶时开始伸蔓，需人工进行辅助引蔓。主蔓长到 2m 长时应及时打顶，控制生长，促使侧枝花芽形成，以充分利用“回头花”（封顶后侧枝上花芽由上向下）提高产量。从开花到嫩荚采收，一般在两周左右。

南瓜选用保护地栽培专用南瓜品种“迷你南瓜”或日本进口的“迷你桔瓜”等品种。结合整地施足基肥，每亩施腐熟有机肥 3 000kg、三元复合肥 30~50kg，均匀撒施。需耕翻做畦，畦面宽 1m，畦沟宽 0. 4m，畦面铺设滴灌管、黑地膜或银灰膜。按规定尺寸打穴，浇透底水。种植穴内浇足底水后再播种，种子平放穴内，根尖向下，覆土 1cm 厚，然后平盖遮阳网。采用吊蔓栽培，单蔓整枝，每畦 2 行，株距 0. 40m，每亩栽1 800株左右。11 月中下旬可分批采收。为确保果实的质量，应在授粉后 40 天左右采收。

生菜选用意大利散叶生菜耐抽薹的品种。每亩地均匀撒施腐熟有机肥2 000kg、三元复合肥 30kg，将它们深翻入土。畦宽为 1. 6m，沟宽 0. 4m，沟深 0. 25m。10 月中旬育苗，苗 4 叶 1 心时按株行距 0. 2m×0. 2m 定植。1 月下旬，植株长到 0. 25kg 左右时即可上市。

此栽培模式甜瓜亩产量2 000kg 左右，豇豆亩产量2 000kg 左右，南瓜亩产量1 500kg 左右，生菜亩产量1 500kg 左右。

15. 日光温室苦苣—生菜—辣椒

（1）茬口安排

苦苣一般在每年 8 月下旬至 9 月上旬播种，10 月上中旬定植，11 月中下旬采收上市；生菜 10 月中下旬播种，12 月中旬定植，翌年 1 月底 2 月初采收上市；辣椒 11 月中旬播种育苗，翌年 2 月上中旬定植，3 月下旬开始陆续采收，8 月上旬拉秧。

（2）栽培要点

苦苣选择抗病、高产、抗逆性强、适应性广的优良品种，如菊花苦苣和碎叶苦苣，每亩用种量 15~20g。10 月上中旬定植。定植前每亩施腐熟有机肥2 500~3 000kg、三元复合肥 30kg，然后做成宽 1. 2m 的畦，按株距 20cm、行距 30cm 定植，每亩栽10 000株左右。11 月中下旬，定植后 40~50 天，苦苣外层叶片长到 30~50cm，单株质量达到 0. 25kg 左右即可采收上市。

生菜品种选用美国大速生、绿菊等品种。10月中下旬播种育苗，11月中旬，幼苗二叶一心分苗。分苗后白天温度控制在24℃以下，当苗长到6~7片真叶时即可起苗定植，苗龄约40天。上茬苦苣采收后，及时清除残叶残根，每亩施优质有机肥2 000~3 000kg，同时施入三元复合肥20~30kg。然后按宽70cm起垄，准备定植。12月中旬，按株距20cm、行距35cm定植，每垄定植两行，每亩定植8 000~9 000株。定植后40~50天（1月底2月初），单株质量达到0.4kg左右即可采收上市。

辣椒选用抗病性强、产量高的牛角形辣椒品种，如日本品种天宝、天禄或国产品种海丰68、勇士2000等。在11月中旬播种育苗，苗龄80~90天。2月上中旬上茬生菜采收后清除残根残叶，整地施肥。一般结合耙地施入有机肥5 000kg、45%氮磷钾复合肥20~30kg，然后按120cm宽起垄栽培，每垄栽2行。按株距35cm、行距60cm定植，每亩定植3 000株左右。

该栽培模式苦苣亩产量2 000kg左右，生菜亩产量2 000kg左右，辣椒亩产量在6 000kg左右。

16. 温室春冬瓜—夏白菜—秋莴苣—冬生菜

（1）茬口安排

冬瓜于1月中旬育苗，2月底至3月初定植，4月底至5月初上市；夏白菜于7月上旬播种，8月下旬上市，9月上旬采收结束；莴苣8月初育苗，9月上中旬移栽，11月中旬上市，11月底采收结束；生菜于10月上旬育苗，12月初移栽，2月初上市，2月下旬清茬。

（2）栽培要点

早春冬瓜品种选用早熟、优质、抗病、耐低温而且个头小的品种，如一串铃系列。整地前每亩施腐熟土杂肥2 500kg，复合肥50kg，菜籽饼150kg。深翻整畦，每畦120cm，沟宽30cm，深25~30cm。在每畦中间栽一行冬瓜，株距40cm，双株栽植，每亩1 800~2 000株，栽后地膜覆盖。从坐瓜到收获需30~32天，一般采收3次。采收时注意不要损伤瓜蔓，留适量冬瓜叶蔓为白菜和莴苣遮阴。

夏白菜选高产、优质、耐热抗病的热抗王、夏丰、夏阳50等品种。7月上旬由于还有部分冬瓜根蔓留在田间，机械操作不便，可人工在瓜行两侧施肥整地，各种一行白菜（保持原来的畦沟整体形状不变）。播后在沟内浇水，洇湿畦面，以利出苗。幼苗拉“十”字叶时适当间苗；二叶一心期第2次间苗；3~4叶期时按株距30cm，每亩3 500株左右定苗。每次间苗后要及时浇水，每次每亩施尿素30kg左右。团棵至莲座期结合浇水追施尿素30kg左右。这期间土壤保持见干见湿，结球后土表保持湿润，采收前10天左右尽量少浇水，8月下旬至9月上旬可采收上市。

秋莴苣选用耐寒性强、高产优质的种都五号莴笋或春秋二白皮等品种，每亩大田用种量50g，苗龄35天左右移栽。移栽前亩施腐熟土杂肥2 500kg、复合肥30kg。人工整地，按株距30cm、行距65cm移栽，并浇足活棵水，田间管理坚持前控后促。11月中旬后视天气变化情况，及时上好塑料膜和草帘，防止寒流、霜冻。

冬生菜品种选用香港玻璃生菜。10月上旬育苗，12月初移栽前清理前茬垃圾，并每亩施高浓度复合肥30~50kg，深翻于土壤中。12月初按株距20cm，行距30cm进行移栽定植，2月初上市。

此栽培模式每亩冬瓜产量15 000kg左右、夏白菜亩产量3 000kg左右、莴苣亩产量2 000kg左右、生菜亩产量1 200kg左右。

17. 温室番茄—黄瓜—菠菜

（1）茬口安排

早春番茄1月份温室育苗，3月上中旬定植，7月中下旬拉秧；秋黄瓜7月上旬穴盘育苗，8月初定植，9月初开始采收，11月初采收结束；越冬菠菜11月上旬播种，翌年1月陆续上市。

（2）栽培要点

早春番茄应选择耐低温、抗病、高产、果型适中的品种，如瑞粉1号、东风4号、腊八、金鹏1号和宝冠系列等。定植前每亩施腐熟的有机肥3 000~5 000kg、三元复合肥（N-P-K=15-15-15）25kg。深翻做畦，畦高10cm，畦宽60~70cm，沟宽40~50cm。一般在3月中下旬定植，定植方式采用宽窄行定植，亩密度3 000~4 000株。5月上中旬适时采收，采收可持续到7月中下旬。

秋黄瓜根据当地生产条件和市场需求，选择抗逆性强、生长旺盛、前期耐高温、后期耐低温，长日照条件下坐果率高、丰产性好的品种。一般选择津优系列、津园3号、津园4号等。在定植前，可用腐熟的有机肥作基肥，每亩施腐熟的农家肥4 000kg、氮磷钾复合肥30kg，并且深翻细耙，然后做畦。定植时，行距60cm，株距20~30cm，定植后及时浇缓苗水。一般在定植35~40天就开始采收。

越冬菠菜选择耐寒性强、生长速度快、产量高、抗病能力强的品种，推荐选择菠杂58、菠杂18、菠杂冠能等。播种时间在11月上旬，可选用撒播、排开播种，畦宽1.5~3.0m，整平畦面，播前灌足底水，等水完全渗入后，把种子均匀撒在畦面上，然后覆土1cm左右即可。菠菜是速生型蔬菜，喜欢肥沃湿润的环境，所以在生长期间，要及时供给充足的水肥，特别是从播种到起苗，要保持土壤湿润。出苗后，要及时浇水追肥，每亩可追施尿素15~20kg。在菠菜的整个生育期内，温度控制在15~20℃。

此栽培模式番茄亩产量5 000~7 000kg，秋黄瓜亩产量7 000kg以上，菠菜亩产量2 000kg左右。

18. 日光温室娃娃菜–黄瓜–菠菜

(1) 茬口安排

娃娃菜3月下旬点播，5月中旬采收；黄瓜宜在4月下旬于日光温室中育苗，6月初定植，7月上旬始收，11月初拉秧；越冬菠菜11月上旬播种，翌年1月陆续上市。

(2) 栽培要点

娃娃菜结合整地每亩施用经无害化处理的优质农家肥3 000kg、硫酸钾型三元复合肥20~25kg。播种方式多为点播，行距40cm，株距35cm，每穴播5~6粒，播种后在种子上覆盖一层细沙，然后浇水。在3~4片真叶时间苗，7~8片真叶时定苗，每亩保苗5 000株左右。出苗后浇1次齐苗水。结合间苗进行中耕并浇水。莲座期控水蹲苗10~15天，结束蹲苗后结合浇水每亩追施尿素10~15kg。结球期要保持土壤湿润，结合浇水每亩追施硫酸钾10kg。结球后期要控制浇水次数和浇水量。当全株高30~35cm，包球紧实后便可采收，采收时应全株拔去。采收后去除多余的外叶，削平基部，用保鲜膜打包后即可上市。

黄瓜结合整地每亩施经无害化处理的优质农家肥4 000~5 000kg，

45%氮磷钾复合肥 25kg。土肥混合均匀，按宽窄行起垄，龙高 20cm 左右。然后浇水，待水下渗后按宽行 70cm、窄行 50cm、株距 30cm 定植。3 叶 1 心，苗龄 35 天时即可定植，定植后覆盖地膜。

菠菜播前整地施肥，每亩施腐熟有机肥 2 000kg，三元复合肥 20~30kg，土肥充分混匀。采用直播，播种方式多为撒播。出苗阶段的管理以保墒为主，促进快出苗，确保苗齐、苗全、苗壮。播种后若土壤干旱需用小水浇 2~3 次，以解除旱情，促进出苗。出苗后及时追肥，加大灌水量，并注意防治病虫害，促进菠菜健壮生长。菠菜进入旺盛生长后，对水肥的需求量增加，可结合浇水进行追肥，每次每亩追施尿素 10~15kg，以促进生长。生长期需要充足的水分，以保持土壤湿润为宜。当菠菜长到 20~30cm 高时要及时收获。

采用该栽培模式一般亩产娃娃菜2 000kg 左右，亩产黄瓜7 000~9 000kg，亩产菠菜2 000kg 左右。

第三章 主要栽培蔬菜的绿色栽培技术

一、番茄绿色栽培技术

1. 产地环境

基地应选择远离城镇及交通主干道，四周无工矿企业及“三废”污染源，周边生态环境良好、空气清新，土壤肥沃、土质优良、土层深厚，水源丰富、水质优良、水利设施配套齐全，具备生产绿色食品蔬菜生态环境条件的地块。

2. 茬口安排

番茄属于喜温蔬菜，生长发育期的最适温度为20~25℃。北方地区在设施保护下，番茄一年四季都可栽培。但因栽培设施不同，育苗和定植期也有所不同。华北地区番茄栽培形式及栽培季节可见表3-1。

表3-1 华北地区番茄栽培茬口

栽培方式	播种期	定植期	收获期
温室早春栽培	11月下旬至12月上旬	2月上旬	4月中旬至6月下旬
大棚早春栽培	12月中下旬至1月上旬	3月中下旬	5月下旬至7月下旬
露地春季栽培	2月上中旬	4月下旬	6月中旬至8月下旬
大棚秋延后栽培	6月上旬至7月上旬	7月上旬至8月上旬	9月中旬至11月下旬
温室秋冬栽培	7月中旬至8月上旬	8月中旬至9月中旬	10月下旬至2月下旬
温室越冬茬	8月中旬至9月上旬	9月下旬至10下旬	12月上中旬至6月下旬
温室冬春茬	10月上中旬	11月中下旬	2月上旬至6月下旬

3. 品种选择

选择抗病、优质、高产、商品性好、环境适应能力强、耐储运、适合市场需求的品种。如，春露地番茄栽培应选择高产、耐高温高湿、高抗病毒病的中早熟品种；越冬茬番茄应选择中晚熟、植株长势强、结果期长、产量高、耐低温弱光、抗病性强的品种；越夏茬栽培要选用耐高温、强光、抗病性强的高产优质中熟品种。

4. 种子处理

把种子放入55℃温水中搅拌至30℃后浸泡3~4小时，主要防治叶霉病、溃疡病、早疫病、晚疫病。浸种后将种子放置25~28℃的温度下催芽，待约70%的种子出芽即可播种。

5. 培育无病虫壮苗

（1）播种

用1/3充分腐熟的圈肥，2/3无病原物熟土，拍细过筛。每立方米营养土中，加入草木灰5kg。将混好的营养土装入育苗穴盘（72孔）后，浇透水，待水渗下后每平方米穴盘床面用30%多·福可湿性粉剂5~8g处理。用与穴盘规格相对应的打孔器，在孔穴中央打直径1cm、深1cm的播种穴。然后把催好芽的种子每穴1粒放入穴盘中，覆盖消毒营养土，然后覆盖地膜保温保湿。

（2）苗期管理

出苗前白天温度不超过30℃。出苗后，两片子叶刚展开时，下胚轴最易伸长，为了防止徒长，白天温度控制在20℃左右，夜间10~12℃；第一片真叶展开后白天床温保持在25~28℃，夜间15~18℃；定植前数天，适当降低床温，锻炼秧苗。待幼苗4叶1心，株高15cm左右，茎粗0.4cm左右，即可移栽。

6. 定植

（1）整地施肥

施肥应坚持以有机肥为主，氮、磷、钾及微量元素配合施用。整地时每亩施腐熟优质厩肥3 000~5 000kg，氮磷钾复合肥25kg。施肥后进行深耕，将地整平。

棚室种植，施肥后整地前，采用高温闷棚，即覆盖大棚膜及地膜后进行高温闷棚 5~7 天，杀灭棚内病菌和虫卵。

（2）定植

一般情况下定植行距为 60~65cm，株距为 30~33cm，则每亩栽植3 300株左右；拱棚春早熟和秋延后栽培多选用早熟品种，一般行距为 40~50cm，株距为 25~30cm，每亩栽植5 000~6 000株。温室冬春茬和早春茬多采用中晚熟品种，采取大小行、小高畦方式。即南北向畦，大行距 70cm，小行距 50cm，每畦栽 2 行，株距 30~35cm，每亩定植2 500~3 000株。

7. 田间管理

番茄为喜光植物，生长期内要求充足的光照。棚室栽培选用透光性好的无滴膜，经常清洁膜面，保持塑膜洁净。白天揭开保温覆盖物，尽量增加光照强度和时间（阴雨天也要揭盖草苫）。

缓苗期白天温度 28~30℃，晚上不低于 17℃，地温不低于 20℃，以促进缓苗。

开花坐果期，白天温度 22~26℃，晚上不低于 15℃。结果期，白天温度为 22~26℃，夜间温度为 13~15℃。

根据番茄不同生育阶段对湿度的要求和控制病害的需要，最佳空气相对湿度的调控指标是缓苗期 80%~90%，开花坐果期 60%~70%，结果盛期 50%~60%。浇水应掌握“三不浇、三浇、三控”技术，即阴天不浇晴天浇，下午不浇上午浇，明水不浇暗水浇；苗期控制浇水，连阴天控制浇水，低温控制浇水。采用膜下滴灌或暗灌，定植后及时浇水，3~5 日后浇缓苗水。尽量不浇明水，土壤相对湿度保持在 60%~70%。

定植后至第 1 花序果似核桃大时，开始追肥，先以追施平衡型大量元素水溶肥（19-19-19，20-20-20）为主，留果结束打头后果实进入快速膨果期，此期以追施高钾型大量元素水溶肥（12-5-42，14-14-30）为主。每亩每次追肥 5~10kg，每茬追施 4~6 次。

及时进行整枝打杈，吊秧绑蔓防倒伏。老叶、黄叶、病叶应及时摘除，改善通风透光条件。棚室栽培为保证坐果率，提倡使用熊蜂授粉技术。为保障产品质量应适当疏果，大果型品种每穗选留 3 果，中果型品种每穗选留 4 果。

8. 病虫害防治

按照“预防为主，综合防治”的植保方针，坚持以“农业防治、物理防治、生物防治为主，化学防治为辅”的无害化防治原则。

（1）农业防治

创造适宜的条件，提高植株抗性，减少病虫害的发生；及时摘除病叶、病果，拔除病株，带出田地并深埋或销毁。

用黄板诱蚜和白粉虱。具体方法是：在棚内悬挂黄色黏虫板，每亩放置 30~40 块。

积极保护利用天敌，防治病虫害。

（2）化学防治

灰霉病：嘧霉胺 40%悬浮剂，稀释 800 倍液喷雾防治。晚疫病：金雷 68%精甲霜·锰锌水分散颗粒剂，稀释 800 倍液喷雾防治。白粉虱：10%烯啶虫胺可湿性粉剂稀释 1 000倍液喷雾防治。

9. 采收

采收所用工具要保持清洁、卫生、无污染，要及时分批采收，减轻植株负担，确保商品果品质，促进后期果实膨大。

二、茄子绿色栽培技术

1. 茬口安排

茄子喜温不耐寒，适宜的生长温度为 25~30℃，温度高于 35℃或低于 17℃则生育缓慢，花粉管的伸长受到影响，易造成落花或畸形果，温度低于 13℃则停止生长。根据茄子对温度的需求及栽培设施的不同，常见的栽培茬口如下。

（1）露地春栽

北方多在日平均气温稳定在 15℃左右时定植，一般为晚霜过后的 4 月中旬到 5 月上旬定植。茄子苗龄 80 天左右，因此播种育苗时间在 1 月下旬到 2 月中旬。

（2）小拱棚早春栽培

一般于 11 月下旬至 12 月上中旬育苗，3 月中下旬或 4 月初定植。供应期可从4月下旬至7月下旬。

(3) 日光温室早春栽培

一般育苗在11月下旬至12月上旬，3月上旬定植，供应期4~7月。

(4) 日光温室秋延后栽培

一般7月上中旬育苗，8月中下旬定植。供应期从9月中旬开始到12月底。

(5) 日光温室越冬栽培

一般8月中下旬育苗，11月上旬定植，供应期从元旦开始到7月底结束。

2. 种子选择

选择适宜当地气候，品种优良、抗病力强，符合当地及销往地区的食用习惯和市场需求的品种。日光温室越冬栽培应选择耐低温弱光、抗病性强的品种，如布利塔、大龙、二茛、鲁茄1号、辽茄3号等。秋延后栽培应选择抗热、耐湿、抗病同时又具有一定耐寒性的品种，如湘杂2号、茄杂6号、黑茄王等。

3. 育苗

(1) 种子的播前处理

在种子播种前，先将种子晾晒，然后用0.1%高锰酸钾浸种15~20分钟，捞出后用清水洗净，再将冲洗干净的种子放在30℃的温水中浸泡4~5小时，捞出沥干水后放入50%的多菌灵600倍液中浸泡30~40分钟。捞出冲洗干净后用湿毛巾或纱布包好放在25~30℃的黑暗地方保湿催芽，每隔4~6小时用清水淘洗1次，当60%左右的种子“裂嘴”时即可播种。

(2) 育苗

① 播种。用近3~5年内未种植过茄科蔬菜的园土或大田土5份和充分腐熟的优质有机肥5份，混合后过筛，过筛后每立方米加草木灰4~5kg。或用肥沃的园土4份，充分腐熟的优质有机肥3份，过筛的细炉渣3份，均匀混合后即可。根据气候条件和栽培设施适期播种。夏、秋播种时气温较高，要用遮阳网降温。

② 苗期管理。当子叶出土时，要及时揭开地膜，同时用50%多

菌灵喷施一次，以预防立枯病、猝倒病等苗期病害。当幼苗长出3片叶子前，应当严格控制白天温度在25℃，夜间温度在15℃左右，并适当降温，防止幼苗徒长。

③ 壮苗标准。幼苗健壮，茎秆粗壮，幼苗15~20cm高，长出6~7片真叶，叶片颜色呈现紫红色，标志着幼苗达到壮苗标准，这时就可以到大田进行定植了。

4. 幼苗定植

（1）环境条件

茄子属喜温作物，最怕霜冻，因此在定植时必须选择合适的温度，适宜在20~30℃的温度下定植。一般在当地春季断霜后，最低气温稳定在12~15℃时开始定植，定植过早易受冻害和寒害。晚茄子定植期的选择同样也十分重要，时间不宜过迟，否则，定植后很快进入高温期和汛期，茄子容易遭受水涝灾害。高温能够导致茄子落花落果，或者发育不良造成畸形果，表皮暗淡无光泽，影响茄子商品性。棚室栽培根据茬口安排和棚室条件合理定植。

（2）整地施肥

茄子耐肥性强，需肥量多，因此在定植前需要对土壤施足基肥，一般每亩施有机肥4 000kg、45%氮磷钾复合肥20~25kg，混合均匀，深翻30cm，耙平耙细。为防止地块发生积水涝害，应起高垄种植，垄距1.2m、垄高15cm，每垄定植两行。

（3）合理定植

定植前一周要进行低温炼苗，提高秧苗的抗寒抗病能力。在冬春季温室大棚内定植，须选择在晴天上午进行。在夏天或气温高时，则应选择在阴天或下午定植。定植采用大垄双行、内紧外松的方法，小行距50cm，株距40cm，定植后淋足定植水，幼苗成活后停止浇水，促进根系深扎。

5. 田间管理

（1）缓苗期管理

定植后缓苗前土壤要保持潮湿。当新叶开始生长，新根出现，则证明已经缓苗。缓苗后如土壤干旱，可浇1次缓苗水，但水量不宜过大，地表干后及时中耕，并进行培土、蹲苗。茄子的蹲苗期不宜过长，一般门茄达到瞪眼期时可结束蹲苗，追1次“催果肥”，灌1次“催果水”，随水每亩冲施平衡型大量元素水溶肥10kg，要加强植株整理，及时摘除门茄以下的侧枝，避免枝叶过多消耗养分，提高坐果率和前期产量。以后每采收1次果追施1次肥，追肥每次每亩用平衡型大量元素水溶肥10kg。

（2）植株整理

当植株出现花蕾后适当绑蔓或吊蔓、整枝，主茎上的第一朵花（门茄花）应摘除，除保留门茄以下第一侧枝外，主茎下部的其余侧枝全部摘除。大果型的品种，上部各分枝除在每一花序下留一侧枝外，其余的侧枝也可摘除。摘叶可以通风透光，减少下部老叶对营养物质的无效消耗，植株封行后，及时把病叶、老叶、黄叶和过密的叶摘去。

6. 病虫害防治

主要病虫害有茄子绵疫病、褐纹病、蚜虫和红蜘蛛。

绵疫病（又称掉蛋、水烂或烂茄子）：实行合理轮作；选用抗病品种；加强田间管理，预防高温高湿；在发病初期，可用75%的百菌清可湿性粉剂，对水稀释成800倍液喷施预防。

茄子褐纹病以农业综合防治为主，或用75%百菌清可湿性粉剂对水稀释成800倍液喷施预防。

蚜虫可用10%吡虫啉可湿性粉剂对水稀释成800倍液喷施防治。

红蜘蛛用2%阿维菌素乳剂对水稀释成800倍喷施防治。

7. 适时采收

茄子一般在植株定植后50天左右开始采收。判断茄子是否成熟，要看萼片与果实相连处的白色或淡绿色的环状条带，环状条带正趋于不明显或消失时，是最佳采收时期。采收晚了易导致果肉变软，种子发硬，风味变劣。同时，在采收前为避免损坏果实和植株，最好用修枝剪采收。

三、辣（甜）椒绿色栽培技术

1. 茬口安排

辣（甜）椒喜温不耐霜冻，在设施栽培条件下可周年生产，各地可根据气候和设施条件确定栽培茬口，华北地区栽培茬口见表3-2。

表3-2　华北地区辣（甜）椒栽培茬口

栽培方式	播种期	定植期	收获期
温室早春栽培	11月中下旬至12月上旬	2月中下旬	4—6月
大棚早春栽培	12月中下旬至1月上旬	3月中下旬	5—7月
露地春季栽培	2月上中旬	4月下旬	6—7月
露地夏秋栽培	4月	6月上旬	7月中旬至10月
温室秋冬栽培	7月下旬至8月上旬	9月上中旬	10月下旬至翌年2月
温室越冬茬	9月上中旬	10中下旬	12至翌年6月
温室冬春茬	10月中旬至11月上旬	1月下旬至2月上旬	3至7月

2. 品种选择

选用适应当地生产条件，且抗逆性强、优质、高产的辣（甜）椒品种。冬春栽培选耐低温弱光、抗病性强、高产的品种，如红英达、中椒108、红塔系列、苏椒5号、甜杂1号等。夏秋季节栽培宜选高抗病毒病、后期低温条件下果实不宜发生紫斑病、耐贮藏的品种，如早丰1号、湘研1号、保加利亚尖椒等。

3. 种子消毒处理

在播种前1~2天，选择上午晴好天气，将辣（甜）椒种子放在干净的纱布或纸上晒6~8小时后，用55℃左右的温水烫种15分钟，期间要不断搅拌，水温降至30℃时停止搅拌。然后继续浸种5小时左右捞出洗净，将经处理后的种子用湿纱布包好，进行保温保湿催芽，待70%种子露白后即可播种。

4. 育苗

用3年内未种过茄科蔬菜的土壤与充分腐熟并筛细的农家肥，以6：4的比例混合拌匀过筛，土壤要求土质疏松、肥力高、保水保肥力强。在每立方米筛好的混合土中，再加入50%多菌灵可湿性粉剂50g充分拌匀，将配制好的土晒干堆置，用薄膜盖好，准备作育苗营养土用。混合好的营养土装入72孔育苗盘中，采用单穴单粒播种。

幼苗出土前，保持苗床土面温度25~28℃，苗出齐后温度可控制在18~23℃。2~3片真叶后，白天温度保持在23~28℃，夜间可降到15~18℃。定植前10天开始炼苗，白天温度控制在25℃，夜间在12℃。棚室育苗，防止棚内湿度过高，防止徒长。若见床土发白过干，可用水壶喷水，水量不可过大，保持湿润即可。当苗龄5~6片真叶时即可定植。

5. 定植

结合整地施足基肥。每亩混合撒施腐熟有机肥4 000kg、菜籽饼肥150kg、45%氮磷钾复合肥20kg，施后整地作畦。辣（甜）椒耐旱怕涝，必须深沟高畦。栽植时按1. 1m作畦，每畦栽植2行辣（甜）椒，每穴株，密度每亩3 000株左右，全面实行地膜覆盖栽培。定植后立即浇足水，以促进缓苗。

6. 定植后管理

（1）温度管理

定植后缓苗阶段，白天保持25~30℃，夜间15~18℃。开花结果后白天温度控制在23~28℃，夜间15~17℃。超过28℃，进行通风降温，下午温度下降到25℃，关闭风口。夜间温度保持在13℃以上，否则易形成僵果。

（2）肥料管理

重施底肥、合理追肥；以有机肥为主，控制化肥用量。辣（甜）椒生长前根据田间长势，在门椒坐果时，每亩施平衡型大量元素水溶肥5kg。以后每次采摘后，结合灌溉追施高钾型大量元素水溶肥，每次施5~10kg，保持植株持续的结果能力。

（3）水分管理

门椒膨大前一般不要浇水，防止植株徒长造成落花。若田间干旱，植株生长受到影响时，可以适量浇水，但不宜大水浇透。从门椒膨大开始，每隔 7~10 天浇 1 次水，盛果期隔 5~7 天浇 1 次水。露地栽培遇多雨水年份时，要注意清沟排渍，防止畦面积水。灌溉方式提倡喷灌、滴灌、浇灌，不应大水漫灌。

（4）整枝打杈

根据辣（甜）椒品种特性适当进行整枝打杈，一般干辣椒栽培不用整枝。温室菜用辣（甜）椒栽培一般采用双杆或三杆整枝。双杆整枝即门椒坐住后，植株保留 2 个生长比较旺盛的主杆枝，在每一主茎次生枝条分枝处均保留一个果实，果实上部侧枝留 3~4 片叶摘心，整个植株呈“Y”形。三杆整枝即保留三个主枝，每个主枝再分枝后，侧枝上的果实保留，侧枝留 3 片叶摘心。

7. 病虫害防治

危害辣（甜）椒生长的主要病害为苗期立枯病、猝倒病、大田生长期疫病、灰霉病、炭疽病、青枯病、白粉病等；虫害有蚜虫、红蜘蛛、烟青虫、白粉虱等。

（1）防治原则

绿色食品辣（甜）椒病虫草害防治，必须坚持“预防为主、综合防治”的原则，优先采用农业措施，提倡生物防治和物理防治，减少和控制化学农药使用，严禁使用国家规定的禁用农药。农药使用应符合 NY/T393 绿色食品农药使用准则要求。

（2）病虫害防治

农业防治：棚内悬挂黄板诱杀蚜虫；路边田头用杀虫灯诱杀害虫；棚两头覆盖防虫网防虫；地膜覆盖除草；人工摘除害虫卵块等措施。

化学防治：立枯病、猝倒病等苗期病害可用 70%甲基硫菌灵可湿粉剂对水稀释 500 倍液喷雾 1~2 次防治。疫病、灰霉病等用 50%氟啶胺悬浮剂对水稀释成 1 000倍液进行喷雾防治。炭疽病、霜霉病等用 25%嘧菌酯悬浮剂对水稀释成 1 500倍液进行喷雾 1~2 次防治。防治蚜虫用 70%吡虫啉可溶性粉剂对水稀释成 800 倍液进行喷雾 1~2

次。烟青虫用4.5%高效氯氰菊酯乳油对水稀释成500倍液进行喷雾防治。白粉虱用70%啶虫脒水分散颗粒剂对水稀释800倍液进行喷雾防治。在防治过程中农药要交替使用，注意安全间隔期，采摘前15天停止用药。

8. 采收

一般开花后35~40天，果实长足，果肉变厚，果皮硬有光泽，即可采收。彩椒要结合颜色变化适时采收。

四、黄瓜绿色栽培技术

黄瓜为喜温蔬菜，其生长适宜温度为15~30℃，黄瓜在10~12℃时，生长缓慢，接近停止，5~10℃时即受冷害。

1. 茬口安排

（1）露地栽培

黄瓜露地栽培需在无霜期内进行，华北地区无霜期200天左右，可春茬、夏茬、秋茬三季栽培。东北、内蒙古及新疆寒冷地区无霜期90~170天，每年只能种植一茬。

（2）保护地栽培

① 日光温室栽培，一般分为秋冬茬、秋冬春一大茬、冬春茬，见表3-3。

表3-3 日光温室黄瓜生产茬口安排

茬口类型	播种时间	定植时间	始收时间
秋冬茬	8月上中旬	9月中旬	10月上旬
秋冬春一大茬	8月下旬至9月上旬	9月中旬至10月上旬	10月中旬至11月上旬
冬春茬	10月上中旬	11月上旬	12月中旬

② 大拱棚栽培。由于塑料拱棚保温性能差，生产上一般进行春提前和秋延后栽培。拱棚早春茬栽培育苗一般在温室内进行，见表3-4。

表 3-4　拱棚黄瓜栽培季节与茬口安排

茬口类型	播种时间	定植时间	始收时间
早春茬	12 月下旬至翌年 1 月下旬	2 月上旬至 3 月上旬	3 月中旬至 4 月上旬
	2 月上旬至 3 月上旬	3 月中旬至 4 月下旬	4 月上旬至 5 月上旬
秋延后	6 月上旬至 7 月上旬	直播	7 月下旬至 8 月下旬

2. 品种选择及其处理

（1）品种选择

根据栽培季节，选择适合本地生态条件且抗病、优质、丰产、耐贮运、商品性好的优良品种。嫁接苗选择前一年采收的黑籽南瓜作砧木。温室冬春茬栽培要选耐低温弱光、连续结瓜能力强、结瓜期长、瓜条均匀、抗病性强的品种，如津春 3 号、津优 33 号、津优 2 号、津研 3 号、中农 5 号等。露地栽培宜选择早熟、抗病性强、丰产性好的品种，如津春 4 号、中农 8 号、津绿 5 号等。

（2）种子处理

① 温汤浸种。播种前用 55℃热水烫种消毒 10~15 分钟，待水温降到 25℃时，浸种 4~5 小时，反复搓洗后用清水清洗干净。用于嫁接的砧木黑籽南瓜种子浸泡 12 分钟后直播。

② 催芽。黄瓜种子捞出后沥干水，用湿纱布包起，25~28℃催芽，每天用清水投洗两次，1~2 天出芽，待芽长 0.5cm 时即可播种。

3. 育苗

（1）育苗方式

温室内营养盘育苗。营养盘为 72 孔蔬菜育苗盘，育苗前装入营养土备用。用未种过黄瓜的田园土和腐熟有机肥，过筛后按 6∶4 的比例混拌均匀，混合土再加腐熟鸡粪 $10kg/m^3$ 和磷酸二铵 $1kg/m^3$。

将待播种子播在育苗盘内，其上覆盖 1cm 厚营养土，盖上地膜，置于 26~30℃的条件下。50%出苗后，撤膜降温，黑籽南瓜比黄瓜提前 3~5 天播种。当砧木子叶平展，黄瓜第一片真叶露出时为嫁接适期。

嫁接要求白天温度 20℃以上时进行，采用插接法嫁接。嫁接后要保持黄瓜苗与南瓜苗的子叶呈“十”字状垂直。

（2）苗期管理

播种至出苗前：日温 25～28℃，夜温 18～20℃；出苗后至嫁接前：日温 20～25℃，夜温 14～18℃，

嫁接后至成活前：日温 25～28℃，夜温 14～18℃；成活后：日温 22～26℃，夜温 13～17℃；定植前 7 天：日温 18～23℃，夜温 10～12℃。

嫁接苗缓苗后，苗床保持湿润，表土见干时喷水，土壤湿度 60%～70%，晴天上午 10:00 前浇水，阴天不浇水。

当日历苗龄 45～50 天，株高 13～15cm，生理苗龄 4～5 片真叶展开，子叶肥厚，茎粗 5～6mm 时可定植。

4. 定植技术

（1）定植前准备

选择土层深厚，结构疏松，腐殖质丰富的地块。实行 3～5 年轮作。黄瓜需肥量较大，施足底肥很重要。底肥应以充分腐熟的秸秆和畜禽粪便（牛羊粪、鸡禽粪、猪圈粪）为好，每亩用量 4 000～5 000kg，45%氮磷钾钾复合肥 25kg。

（2）定植

根据当地生态条件适期定植，选择连续晴天的上午进行定植，一般多采用大垄双行方法进行。垄高 15cm，宽 70cm，垄距 50cm，定植时在垄上开两条相距 45cm 的沟，沟内浇水、放苗、覆土，最后使用地膜覆盖。当植株长到一定高度时，需进行吊蔓、摘须、抹侧芽、掐雄花，当植株下部出现黄叶时，应立即打掉，但每次摘除不能超过两片。

5. 田间管理

（1）温度管理

缓苗期：日温 25～30℃，夜温 12～15℃。生长期：日温 20～25℃，夜温 12～17℃。开花坐果期：日温 25～38℃，夜温 15～18℃。结果期：日温 24～26℃，夜温 10～13℃。

（2）湿度管理

土壤相对湿度控制在 85%以下，采用滴灌，切忌大水漫灌；浇

水后及时放风排湿。当外界最低气温12℃以上时，即可整夜放风。

（3）肥水管理

施肥水次数要根据植株长势判定，需防止瓜苗徒长。整个结瓜期要注意光、温、湿互相协调，进入盛瓜期要多施水肥，利于瓜果，待根瓜坐稳后要追1次平衡型大量元素水溶肥2~5kg，结瓜盛期每10天左右追1次平衡型大量元素水溶肥5~10kg，结瓜后期每20天追1次。

（4）植株调整

定植后10~15天及时进行吊蔓。植株采用单干整枝方式，因此及早抹去侧枝，摘掉所有卷须，摘除5节以下的雌花，以保证植株结瓜前有足够的营养体。当植株长到生长架时，及早放蔓，放蔓的量根据生长架的高度而定，尽量使幼瓜不接触地面。放蔓时，可将瓜蔓顺着同一方向躺在畦上，也可将瓜蔓盘在畦上。同时，将底部老叶全部摘除，改善通风，预防病害的发生。

6. 病虫害防治

（1）农业防治

选用高抗多抗品种，实行严格轮作制度；采用垄作，覆盖地膜；培育适龄壮苗，嫁接育苗；增施有机肥，化肥减量；清洁田园。

（2）生物防治

发病初期用复合木霉菌对水稀释成300~500倍液喷雾防治猝倒病和立枯病；用3%多抗霉素150~200倍对水喷雾防治霜霉病；用80%乙蒜素1 000倍液喷雾防治蔓枯病；用农用链霉素、春雷霉素、中生菌素、乙蒜素等喷雾防治细菌性角斑病；用0.3%苦参碱1 000倍液或0.5%印楝素乳油700倍液喷雾防治蚜虫和白粉虱。

（3）化学防治

霜霉病发病初期用6%百泰水分散颗粒剂500倍液或8%烯酰吗啉水分散颗粒剂对水稀释成800倍液喷雾防治；细菌性角斑病用46%氢氧化铜水分散颗粒剂1 500倍液喷雾防治；蚜虫和白粉虱用20%啶虫脒乳油800倍液或10%吡虫啉可湿性粉剂800倍液喷雾防治。

7. 采收

一般于定植后25~30天后，果实达到商品成熟时及时采收，根瓜要适当早收。

五、西瓜绿色栽培技术

1. 茬口安排

西瓜喜温耐热怕寒，生长最适温度25~35℃。所以露地栽培一般春播夏收，露地断霜后播种或定植。设施栽培主要为塑料拱棚栽培。春季小拱棚栽培可较露地提早10~15天定植。单一塑料大棚一般可较当地露地西瓜提早30~35天定植，大棚内套盖小拱棚可提早40~50天。秋季栽培应在当地大棚内发生冻害前100~120天播种。

西瓜忌连作，应与其他蔬菜或作物轮作4~6年。设施内连作时，应采用嫁接育苗防病。

2. 品种选择

早春露地栽培应选择适应性强、抗病抗逆性强、高产优质、耐贮运的品种，如新红宝等。大棚早熟栽培应选用早熟或中早熟的中果型品种，应具有良好的低温生长和低温结果性，优质、丰产、抗病，常用品种有京欣1号、郑杂5号等。

3. 育苗

（1）浸种

可采用常温浸种、温汤浸种。浸种完毕后，将种子从水中捞出，沥去水分，放入布袋，置于28~30℃条件下催芽。砧木种子催芽温度为25~28℃。催芽期间保持种子湿润，待70%种子露白时及时播种。

（2）播种

在日光温室中育苗，育苗设施要在育苗前进行消毒处理。砧木育苗采用32~50孔的穴盘，接穗采用平盘，选用正规厂家的基质直接装盘即可。

砧木播种，播前穴盘内先浇足底水，水渗后将发芽的种子直接播于其中。种子平放，胚根向下。每钵（穴）一粒种子。播后覆盖1.5cm厚洁净的蛭石或过筛的细土保湿。播后覆盖地膜。接穗播于平盘中，种子平摆开，不挤压即可。

（3）嫁接

采用插接法在砧木真叶铜钱大小、接穗子叶半展开时进行。嫁接后在小拱棚内遮光 2～3 天，提高温度和湿度，白天温度 26～28℃，夜间 20～25℃，空气湿度保持饱和状态。嫁接 3 天后逐渐恢复光照，4 天后通风逐渐降低温度和湿度。

4. 整地施肥

整地前清除前茬残留物。选定的西瓜种植田，定植前 15 天，应深翻 30cm 以上，进行晾晒。定植前深翻土地，施足基肥后耙细作畦。亩施优质腐熟的农家肥 5 000kg，或商品有机肥 1 500～2 000kg；同时每亩施 45%氮磷钾复合肥 30kg。缺乏微量元素的地块，还应亩施所缺元素微肥 1～2kg。有机肥与化肥、微肥等混合均匀，沟施。有机肥用量大时，可 50%均匀撒施、50%沟施。

5. 定植

定植前按定植密度打定植穴，定植时将瓜苗放入定植穴内，保证幼苗茎叶和根系所带营养土块完整，定植深度以营养土块表面与畦面相平为宜。嫁接苗接口应高于地面 1～2cm。定植后浇足缓苗水，扣好拱棚，并在夜间加盖一层旧棚膜。

6. 田间管理

（1）水肥管理

定植水要浇足。土壤墒情良好时，开花坐果前不再浇水。开花坐果期严格控制浇水。果实长至直径 3～5cm 时浇膨瓜水，果实成熟前 5～8 天停止浇水。抽蔓初期，一般不进行追肥。果实膨大初期和中期，连追两次高钾高氮大量元素水溶肥 10～15kg，并可叶面喷施 0.3%～0.5% 的磷酸二氢钾加 0.1% 的硼砂和 0.5% 的硫酸亚铁水溶液。

（2）植株调整

一般采双蔓整枝或三蔓整枝。第一次压蔓应在蔓长 40～50cm 时进行，以后每隔 4～5 节压 1 次蔓。压蔓时可用土块或树枝压蔓，嫁接苗须用树枝压蔓，以防压蔓处生根传染枯萎病。坐瓜前要及时打掉多余的瓜杈，只保留坐瓜节位瓜杈。坐果后应减少打杈次数或不打杈。一般选择主蔓第二或第三雌花坐瓜。采用双蔓、三蔓整枝时，每株只留 1 个瓜。采用多蔓整枝时，1 株可留两个或多个瓜。当瓜坐住后，应在瓜上部留 10 片左右的叶片然后摘心。

（3）授粉

人工授粉于晴天上午 7: 00—10: 00 授粉最好，阴雨天延后到 10: 00—12: 00，选择正常开放的雄花对开发的雌花人工授粉，一般选主蔓第二、第三雌花，或侧蔓第一、第二雌花授粉。也可采用熊蜂授粉，西瓜花期，放置 1 箱/亩西瓜专用蜂，使用期 35~40 天，到期更换。蜂箱放于设施中央，用药前应及时将蜂箱移出。

7. 病虫害防治

（1）西瓜病害防治

苗期猝倒病防治：选择未种过瓜类及其他果菜类的地块建苗床，用充分腐熟的优质有机肥配制苗床营养土；或用 30%多·福可湿性粉剂处理土壤，每平方米用药 8g 与 15kg 细土拌匀，播种时下铺上盖；发现病苗后可用 40%烯酰吗啉水分散颗粒剂 1 000倍液。

苗期立枯病防治：发病初期喷洒 5%井冈霉素水剂 1 000倍液。

西瓜枯萎病防治：利用白籽南瓜或瓠瓜等葫芦科作物作砧木进行嫁接育苗；发现病株及时拔除，收获后及时彻底清除病残株；发病初期用 45%精甲王铜可湿性粉剂 500 倍液灌根。

西瓜炭疽病防治：与非瓜类作物实行 2 年以上轮作；用农用链霉素 100 倍液浸种 10 分钟，浸种后用清水冲洗 3~4 遍后催芽。

西瓜白粉病防治：发现病叶及时喷雾防治，可选用 50%硫黄悬浮剂，对水稀释成 800 倍液进行喷雾防治。

（2）虫害防治

瓜蚜和红蜘蛛防治：用黄板诱杀有翅蚜；喷洒 3%除虫菊素微囊悬浮剂 800~1 500倍液防治蚜虫；或喷洒 2%阿维菌素乳油对水稀释成 800 倍液治红蜘蛛。

8. 采收

根据授粉标记，确定西瓜的成熟度，一般早熟品种授粉后 28~32 天，中熟品种授粉后 35 天，可进行采收，采收时保留一段瓜蔓。西瓜达商品成熟时及时采收，采收过早过晚都会严重影响西瓜的品质。

六、甜瓜绿色栽培技术

1. 茬口安排

甜瓜喜温、耐热、不耐寒。生育适温25~35℃，10℃以下停止生长。甜瓜栽培有露地栽培和设施栽培。

露地栽培受环境条件影响较大，一般春播秋收。黄淮区域一般4月播种，7月收获。东北、新疆、内蒙古及青海等地，5月播种，7—8月收获。华北、东北露地栽培以薄皮甜瓜为主，西北干旱地区以厚皮甜瓜为主。

设施栽培以塑料大棚、日光温室为主，分为秋冬茬、越冬茬、冬春茬、早春茬及秋延后茬等。秋冬茬栽培7月下旬至8月上旬播种，11月上中旬开始收获；越冬茬10月中下旬播种，3月上中旬开始收获；冬春茬播种期宜于12月下旬至翌年1月上旬播种，4月下旬至5月上旬开始收获。

2. 品种选择与种子处理

（1）品种选择

冬春季栽培应选择优质、高产、抗病、耐低温、外观和内在品质佳、耐贮运的中早熟品种，如伊丽莎白、状元、蜜世界等。秋季栽培应选择耐热、抗病性强的品种，如秋香、秋蜜等。

（2）种子处理

将种子先用凉水浸种15分钟，将水倒出，再加入55~60℃的温水，边倒边搅拌，使种子受热均匀，待水温降至25℃时，静止浸泡12小时。另一种方法是用0.4%的福尔马林加0.2%甲基托布津溶液浸种12小时，对防治枯萎病有效。将浸泡好的种子洗净，用净纱布包好，放在25~30℃的恒温处催芽，要保持种子湿润、透气。催芽过程中，每日早晚用清水投洗2次，清除种子上的黏液以免发霉。一般24小时左右种子可萌动出芽，当种子露白时即可播种。

3. 培育壮苗

（1）营养土的配制

将菜园土（5 年以上没有种过瓜类的作物田土）和腐熟的猪粪、草炭土按 2∶1∶1 的比例配制，每立方米营养土中加氮磷钾各 100g，土与肥料混匀，并拌入 30%多·福 100g/m^3，进行消毒，将配制的营养土装入 6cm×6cm 的营养钵内，待播。

（2）播种

播种前将装好的营养钵内土浇水打透，用手指或木棍将营养钵面扎 1cm 深小坑，每钵播种一粒种芽，芽朝下，播后覆土，并在苗床上覆盖地膜，起保水和增温作用。

（3）苗期管理

播种后要保证白天温度达到 25~30℃，夜间不低于 17℃，一般 3 天后苗出齐。出苗 80%左右时要及时揭膜，当幼苗出土到真叶长出，要适当降温，白天 20~25℃，夜间 12~15℃。幼苗真叶长出后进入正常管理，白天 22~25℃，夜间 15~17℃。定植前 10~15 天要进行低温锻炼，白天温度控制在 20℃左右，夜间可降至 12℃。约 30 天后幼苗 3 叶 1 心即可移栽。严格的温湿度管理，可减少猝倒病、立枯病的发生。

4. 整地定植

甜瓜为喜温耐热作物，忌连作，应选择土质疏松、透气性强、排水良好、富含有机质的肥沃沙壤土，一般前茬大田作物玉米、豆类为好，应避免与黄瓜茬或其他瓜类茬。亩施腐熟有机肥3 000~4 000kg，配施 25kg 45%氮磷钾复合肥，然后耕翻、耙平起垄（垄高 15~20cm）。定植前 1 个月及时上膜提高地温，幼苗 3 叶 1 心移栽。按行距 65~70cm，株距 40~45cm 定植。

5. 定植后管理

（1）温度管理

甜瓜定植后 1 周内为缓苗期，较高的温湿度利于缓苗。设施栽培棚内温度白天保持 28~32℃，夜间 15℃以上，以促发新根；缓苗后白天 25~30℃，夜间 15~18℃，促进根系扩展，使植株健壮生长。甜瓜在开花期生长适宜温度白天28~30℃，夜间15~18℃，过高、过低均不利于授粉坐瓜。果实坐稳后进入膨大期至成熟期应实行偏高温管理，白天温度保持32~34℃，并加大昼夜温差，提高甜瓜品质。

（2）水肥管理

定植后2~3天选晴天上午浇定植水，若遇连阴雨天可推迟至天晴后再进行暗灌。甜瓜开花坐果前可依据苗情少浇水不施肥或小水小肥薄施。膨瓜期每6~7天浇水追肥1次（地面不干），结合浇水追肥亩施大量元素水溶肥5kg和腐熟油渣200~300kg，能有效提高果实含糖量、改善品质。

（3）整枝控蔓

甜瓜多采用双蔓或三蔓整枝。主蔓3~5片真叶摘心，促发子蔓，选留2条或3条健壮的子蔓，在子蔓11~15节或子蔓14~16节的孙蔓坐瓜（抹去子蔓1~14节位的孙蔓）。孙蔓瓜前留2~3叶摘心，子蔓长到20叶左右摘心。为防止伤口感染，整枝摘心宜在晴天上午进行。

（4）授粉留瓜

雌花开放时，于上午8:00—10:00人工授粉。当幼瓜长到鸡蛋大小时，选留果形周正、符合本品种特征的果实留瓜。一般厚皮甜瓜每株留瓜1~3个，薄皮甜瓜4~5个。

6. 病虫防治

甜瓜生长期病害较多，主要有枯萎病、炭疽病、白粉病等。虫害主要有白粉虱、斑潜蝇、蚜虫等。病虫害防治以农业生态防治为主，如，选择抗病的优质品种；对种子、棚室、床土进行消毒；加强田间管理，合理灌水、整枝、打杈、施足底肥，使植株长势强壮。

在控制温度、水分的同时可用露娜森、多抗霉素防治白粉病、霜霉病、炭疽病；用枯草芽孢杆菌防治枯萎病；用哈茨木霉菌防治灰霉病；用春雷霉素防治细菌病害；用黄板、蓝板诱杀白粉虱、斑潜蝇、蚜虫；用苏云金杆菌（Bt）、阿维菌素防治其他害虫。

7. 采收

只有适时采收，才能确保甜瓜的品质，确定瓜的成熟度应根据不同品种特性和授粉日期，也可根据瓜皮颜色的变化、天气的变化，判断采收期。一般早熟品种开花后30~35天成熟，中晚熟品种开花后35~40天成熟。果实采收应在午后或傍晚进行，此时果实水分含量较低，较耐贮运。采收时用剪刀将果柄两侧5cm左右的子蔓剪下，剪下的果柄和子蔓呈“T”字形。

七、大白菜绿色栽培技术

大白菜属于半耐寒性蔬菜，喜凉爽的气候。发芽期最适宜的温度为20~25℃，莲座期要求日平均温度17~22℃，结球期对温度的要求较为严格，以日平均温度12~22℃为宜，大白菜不耐霜冻，5℃以下生长停止，−2℃叶球受冻，发生冻害。

1. 茬口安排

目前，大白菜可四季栽培，周年供应，但仍以秋季栽培为主，设施条件下可进行越冬、早春及越夏栽培。

秋茬：华北地区8月上旬播种，11月上旬收获。东北、内蒙古及新疆地区7月中下旬播种，10月下旬收获。秋大白菜栽培一般选用抗病、结球性好、耐贮藏、生育期85~110天的中晚熟品种。

早春茬：播种期在1月下旬至2月初较为适宜。选越冬性强、不易抽薹的结球品种，生育期为50~60天的早熟品种。

越夏茬：宜在4—5月播种育苗，育苗时注意遮阴、防雨、降温。选择耐热、耐旱，生长期短，结球紧实，品质良好，抗病毒病、霜霉病、软腐病，早熟性强的品种。

2. 整地施肥

选择土壤肥沃、排灌方便的地块，最好与麦类、豆类作物轮作，减少霜霉病发生，避免用十字花科作物作前茬，以减轻病害发生。播种前土地一定要整平，不平整的地容易造成有的地方干旱、有的地方涝，因而容易发生病毒病和软腐病。播前施足基肥，每亩地施腐熟农家肥3 000kg、三元复合肥25kg，有机肥和化肥拌匀撒施后，深耕20~25cm。

采用高垄栽培，土层深厚、透气性好，有利于促进大白菜根系生长，减少土传病害，改善行间的通风透光性，减轻大白菜霜霉病和软腐病的发生。一般要求垄高 15～20cm，垄面宽 30cm 左右，垄距 55～60cm。

3. 适期播种

秋季播种避开高温、干旱、蚜虫高峰期。适期晚播，可有利于防治病毒病、软腐病，减轻霜霉病发生。冬贮大白菜一般在立秋节前后 3 天播种较好。

秋播大白菜多采用直播的方式，设施栽培多进行育苗移栽。播种时，先在垄背上划 1 小沟，沟深 1.5cm，宽 1～1.5cm，将种子均匀撒于垄沟内，并且使沟外两侧也有部分籽，撒后将垄背覆平，随后浇水。这种沟内外都有籽的播种方法可抵御短时间暴雨冲刷，使种子出苗良好。每亩用种量 250～300g。

4. 田间管理

（1）幼苗期的田间管理

从播种到出苗一般浇 2～3 次水，促进幼苗生长。缺苗应在 2 叶期前补苗，最好趁浇水或下雨时补苗，幼苗长到 15 天左右时及时间苗，分别在拉十字、4～5 片真叶时进行。当幼苗长到 20～25 天后达到团棵阶段应及时定苗，株距一般在 50cm 左右。定苗时要留生长整齐一致的健壮苗，去除杂株、病株及虫咬苗。

（2）莲座期的田间管理

幼苗生长到 25～30 天进入莲座期，这时外部可见 15～16 片叶。莲座期是大白菜生长的关键时期，也是霜霉病流行时期。这一时期应该加强水肥管理，促进叶球形成，控制病害发生。掌握田间“有草拔锄，无草不锄”的原则，结合浇水进行追肥，促进植株生长。一般在 9 月上旬每亩可追施平衡氮磷钾复合肥 15～20kg 或高质量的有机肥 500kg，随水施入菜田，追施后 2～3 天无雨要再浇 1 次清水。

（3）结球期的田间管理

播后 45 天左右大白菜进入结球期，大白菜全部产量的 2/3 在这个时期形成，所以结球期应给予大肥水。结球前期一般在 9 月下旬进行 1 次追肥，每亩施 18-4-19 复合肥 15~20kg 或高质量有机肥 800kg，顺水施入。严禁进地撒施，避免人为损伤叶片、传播病害，以后每隔 7~8 天浇 1 次水。结球中期一般在 10 月中旬，每亩用 18-4-19 复合肥 20kg 促进快速结球。结球后期天气渐凉，可以每隔 10 天左右浇 1 次水。

5. 病虫害防治

(1) 农业防治

① 选择适宜品种。在栽培中要根据栽培茬口、气候条件选择适宜的品种。

如在气候温和、湿润的沿海地区宜选用卵圆球形品种，如鲁白 2 号、鲁白 3 号等。在大陆性气候地区，宜选用平头型品种，如鲁白 1 号、小包 23 等。在气候温和湿润，但寒潮侵袭频繁、气候变化剧烈的地区，应选用直筒型品种，如辽白 12、沈农超级白菜、锦州新 5 号等。春季栽培时宜选用耐抽薹品种，如春大将、鲁春白一号、春宝黄等；夏季和早秋种植宜选用耐热、早熟品种，如早熟 5 号、夏阳 50、郑早 60 等；秋季宜选用耐贮运品种，如北京新三号、鲁白 8 号等。此外，同等条件下应选择抗病虫品种，一般来说叶色深绿的品种较抗病，淡绿色品种抗病力较弱；叶片绒毛多的品种较抗虫害，而无茸毛品种抗虫能力较差。

② 适时播种。合理掌握播种期，以避开病虫危害高峰期，如秋季在华北地区适当推迟大白菜的播种期，可减轻病毒病的发生；春季适当早播可以使大白菜在 2~4 片真叶期与小菜蛾、菜青虫等害虫的发生高峰错开，从而减轻危害。

③ 合理轮作间作。合理轮作不仅能提高作物本身的抗逆能力，而且能够使潜藏在地里的病原物经过一定期限后大量减少或丧失侵染能力。如大白菜与葱蒜类蔬菜轮作间作，可以有效地阻碍病菌的繁殖，使土壤中已有的病菌密度下降，从而减少病害发生；与番茄、黄瓜等果菜类蔬菜轮作，田间积累的大量养分可使大白菜植株生长健壮，可提高对病虫害的抵抗能力。

④ 精耕细作。进行深耕以破坏表层土壤中病原菌的生存环境，一般要求播种前深耕 40cm，并耙碎土壤，以提高土壤的通气保肥能

力。收获后还要深翻土壤，使其借助自然条件，如低温、太阳紫外线等，以杀死部分土传病原菌和虫卵。生产中提倡深沟高畦栽培，以利于浇水和排水；干旱炎热地区最好采用喷灌或滴灌措施，以提高田间空气湿度和土壤湿度，暴雨之后要及时排水防止积水。

⑤ 科学施肥。原则上施肥以农家肥、有机肥为主，配合施用磷、钾化肥。

⑥ 清洁田园。病菌和害虫主要通过依附在作物的残枝及杂草上繁殖、越冬和传播，所以在前茬作物采收后要及时清洁田园，消除病原菌和害虫生存的环境条件。

（2）生物防治

① 施用生物制剂防治虫害。当前生产中常用的生物杀虫剂主要有苏云金杆菌防治菜青虫、小菜蛾、菜螟、甘蓝夜蛾等；白僵菌防治菜粉蝶、小菜蛾、菜螟等鳞翅目害虫；茼蒿素植物毒素类杀虫剂防治菜蚜、菜青虫；苦参碱防治菜青虫、菜蚜、韭菜蛆等；阿维菌素防治菜青虫、小菜蛾等。

② 生物杀菌剂防病害。如嘧啶核苷类抗生素防治大白菜白粉病、黑斑病、炭疽病；春雷霉素防治大白菜角斑病；多抗霉素防治大白菜霜霉病、白粉病、猝倒病；中生菌素可防治白菜软腐病、黑腐病、角斑病；链霉素可用于防治大白菜软腐病。虫害防治主要有苏脲1号防治菜青虫等；氟啶脲防治甘蓝小菜蛾、菜青虫、甜菜夜蛾等；除虫脲防治小菜蛾、菜青虫等；虫酰肼防治甘蓝夜蛾、甜菜夜蛾等。

（3）物理防治

① 灯光诱杀。在小菜蛾、菜螟、斜纹夜蛾等成虫羽化期，采用黑光灯可有效诱杀菜螟、小菜蛾、斜纹夜蛾及灯蛾类成虫。在成虫发生期，每亩设1盏黑光灯，每晚9时开灯，翌日早晨关灯。

② 性诱剂诱杀。利用害虫的成虫或其性激素的提取物诱杀成虫，可有效地减少羽化盛期害虫数量。具体做法：用长10cm、直径3cm的圆形笼子，每个笼子里放2头未交配的雌蛾，也可用成品性引诱剂，把笼子吊在水盆上，水盆内盛水并加入少许煤油，在黄昏后放于田中，1个晚上可诱杀成百上千只雄蛾。

③ 趋性诱杀。利用害虫对颜色、气味等的趋避性诱杀，如利用

蚜虫趋黄性在田间设置黄板诱杀，通常每亩设20~30块置于田间与植株高度相同位置即可；利用蚜虫对银灰色的忌避性，每亩用1.5kg银灰色膜剪成15cm长的挂条，可有效驱避蚜虫；利用地老虎、斜纹夜蛾等对糖醋液的趋性，用糖6份、酒1份、醋2~3份、水10份，加适量敌百虫配制糖醋液诱杀。使用时应保持盆内溶液深度3~5cm，每亩放1盆，盆要高出作物30cm，连续防治15天。

④ 防虫网隔离。使用20~40目防虫网覆盖大棚、冷棚或小拱棚，不仅可以免除菜青虫、小菜蛾、甘蓝夜蛾、甜菜夜蛾、斜纹夜蛾、黄曲条跳甲、蚜虫等多种害虫的为害，而且可以阻断昆虫传播病菌，减少病害的发生。

⑤ 种子消毒。用温汤浸种可有效杀灭附着在种子表面和潜伏在种子内部的病原菌。具体做法是将种子放在50℃温水中浸泡10~15分钟，浸泡过程中不断搅拌种子，使种子受热均匀，然后播种。

(4) 化学防治

化学防治就是采用化学药剂有针对性地防治病虫害，一般要求适当的时机和方法，才能有效防治。如防治蚜虫一般在苗期和莲座期喷药；防治菜青虫、菜蛾、菜螟、斜纹夜蛾用药时间应在幼虫三龄前及时进行。害虫对化学药剂容易产生耐药性，几种不同农药要交替使用，也可与微生物农药混用。喷药时应严格控制用药量及浓度，必须在药效期过后方可采收上市。化学药剂应选择高效、低毒、残留时间短的药品，禁止使用高毒、高残留农药。

6. 收获

大白菜进入结球末期，需肥水量减少，要控制肥水，为冬贮打好基础，在收获前10~15天内停止浇水，立冬前看天气及时收获，防止发生冻害。

八、甘蓝绿色栽培技术

甘蓝较耐寒，喜温和冷凉的气候，在15~20℃的条件下适宜叶片的生长及叶球的形成。甘蓝对寒冷和高温也有一定的忍耐能力，因此对温度的适应性较广，可进行四季栽培，但冬春寒冷季节，需有一定的设施保护。

1. 品种选择

春甘蓝选择耐低温、越冬性强、耐抽薹、产量高、生育期短的品种，如中甘 11、8398 等。夏甘蓝选择生育期短、抗热、耐涝、抗病和适应性强的品种，如夏光等。秋冬甘蓝选用耐热、抗寒和产品耐贮藏的早、中、晚熟品种，如秋丰、中甘 16 等。

2. 播种育苗时间

春甘蓝 12 月底播种育苗，2 月底到 3 月上旬在塑料大棚定植，4 月中旬到 5 月中旬收获。夏甘蓝 4—5 月播种育苗，5—6 月定植，8—9 月收获。秋甘蓝 6—7 月播种育苗，7—8 月露地定植，10—11 月收获。越冬栽培 8 月下旬播种育苗，10 月上旬定植，12 月中旬到元旦期间上市。

3. 育苗方法

（1）苗地选择

苗地选择前茬作物未种过十字花科作物，靠近水源、排水方便的沙壤土。

（2）整地做畦

苗地选好后，要施中基肥，施入腐熟的优质农家肥 75 000kg/hm^2，深翻整地，耕后磨平，然后做畦，畦宽 1m、高 20cm，每畦中间设 30cm 的排水沟。

（3）播种

春播采用小拱棚育苗，播前先浇足底水，待水渗下后将种子和 3～4 倍的细沙或干净的细土混匀后撒在苗畦里，来回反复撒播几次，以保证均匀播种，然后覆上 1～1.5cm 厚的细土。覆土要均匀，防止种子露出地面，以保证出苗整齐。

（4）苗期管理

幼苗出土前，白天温度保持在 20～25℃、夜间保持 15℃左右，出土后白天温度保持在 20～25℃，夜间保持在 10～15℃。苗期间苗 3 次，子叶展开后第一次间苗，苗距 2cm，1 片真叶时二次间苗，苗距 3～4cm，3 片叶时三次间苗，苗距 6～8cm。定植移栽前要进行低温锻炼，以适应早春露地环境。

4. 定植移栽

(1) 整地施肥

结合整地，亩施优质无害化处理的有机肥5 000kg、三元复合肥25kg。

(2) 定植方法

定植移栽前1天给育苗床浇小水，以便起苗。起苗时带宿土，少伤根，采用高垄覆膜栽培，按株距20~30cm、行距50cm定植。栽植不宜过深，栽后浇水，以利成活。

5. 田间管理

(1) 缓苗期

春甘蓝定植后浇1次缓苗水，一般不宜多浇，应进行中耕除草，以保持土壤水分和提高地温，促进根系发育。

(2) 莲座期

适当蹲苗，当植株健壮生长，叶片明显挂厚蜡粉，心叶开始抱合时及时结束蹲苗。莲座中后期要加强水肥管理，及时追肥灌水，追肥以氮肥为主。

(3) 结球期

为了促使叶球迅速增大，应增多灌水追肥次数，经常保持土壤湿润，共追肥2~3次，每次追施高氮型大量元素水溶肥5kg，还可叶面喷施0.2%的磷酸二氢钾溶液1~2次。追肥宜早，结球中后期不再追肥。

6. 适期采收

春甘蓝一般定植50~60天后成熟，叶球成熟后应及时分批采收，采收过迟易发生裂球。贮运应符合绿色蔬菜贮运标准。

7. 主要病虫害防治

甘蓝主要病虫害有软腐病、霜霉病、蚜虫、菜青虫等。

(1) 农业防治

选用抗病品种；加强中耕除草，清洁田园；使用充分腐熟的有机肥；轮作倒茬；科学配方施肥；合理密植，提高植株抗逆性；加强检查，雨后及时排水；保护瓢虫、食蚜蜂、草蛉等天敌。

（2）物理防治

用银灰色塑料条驱避蚜虫和用黄板诱杀蚜虫。选用30cm×20cm的黄板诱杀有翅蚜，悬挂在植株上方20cm处，以悬挂30~35块/亩黄板为宜。

（3）药剂防治

软腐病：发现软腐病病株应及时拔除，带出田外销毁，并在病株附近撒石灰消毒。发病初期选用72%农用硫酸链霉素可溶性粉剂3 000~4 000倍液，或47%加瑞农可湿性粉剂700~800倍液喷雾，或70%敌克松可溶性粉剂500倍液灌根。药剂交替使用，间隔5~7天，每种药剂使用1次。收获前7~10天停止用药。

霜霉病：发病初期，可选用60%吡唑·代森联水分散颗粒剂800倍液，或68%精甲霜灵锰锌500倍液喷雾防治，每隔5~7天喷施1次，药剂交替使用，间隔5~7天，每种药剂使用1次。收获前7~10天停止用药。

蚜虫：药剂防治可用10%吡虫啉800倍液或50%抗蚜威可湿性粉剂1 000~1 500倍液喷雾，6~7天喷施1次，连喷1次或2次。药剂交替使用，间隔5~7天，每种药剂使用1次。收获前7~10天停止用药。

菜青虫：可喷苏云金杆菌500~1 000倍液，或20%杀灭菊酯乳油1 000~1 500倍液喷雾防治。药剂交替使用，间隔5~7天，每种药剂使用1次。收获前7~10天停止用药。

九、花椰菜绿色栽培技术

花椰菜属于半耐寒性蔬菜，性喜冷凉温和的气候条件，生长适温12~25℃。不同发育期对温度的要求不同，幼苗期生长适温20~25℃，花球形成期适温17~18℃。25℃以上花球形成受阻，且花球松散、质量及品质下降。生产中注意将花球形成期安排在最适宜的季节。

1. 茬口安排

花椰菜适宜在温和季节栽培，在北方地区可进行春秋两季栽培。春花椰菜10—12月播种，翌年3—6月收获。秋椰花菜6—8月播种，10—12月收获。

2. 品种选择

春花椰菜栽培选择生长势强、整齐度好、花球洁白紧实、商品性好、自覆盖能力高、抗病性较强的适宜春季栽培的品种，如日本雪山、雪峰、瑞士雪球、白王花菜80天等。秋花椰菜栽培须选择较耐热的品种，如白雪花50天、荷兰雪球等。

3. 培育壮苗

适期播种，秋花椰菜可于6月上旬至7月上旬播种，每亩用种量50g。先将苗床浇透水，干籽直播，撒匀，覆土厚1cm，盖遮阳网或杂草等遮阴物，6~7天可出苗。出苗后揭去遮阳网及遮阴物，设小拱棚并盖遮阳网。子叶展开后，结合除草进行间苗，苗距5~6cm。幼苗长出1片真叶后可浇1次水，但不能大水漫灌。2片真叶后结合浇水可适量追肥。4~5片真叶时即可定植。

4. 整地施肥

花椰菜宜选择耕层深厚、土质肥沃的壤土、中壤土或轻壤土以及地势较高、排灌条件好的地块。切忌与十字花科蔬菜连作或重茬，否则病虫害发生严重。花椰菜全生育期对肥料的需求量比较大。所以，在定植前，要施足基肥。一般每亩施充分腐熟优质有机肥2 000~3 000kg、45%氮磷钾复合肥25kg。然后耕翻耙平，切碎土块，按畦宽1.3m开沟作畦。畦间留排水沟宽30~35cm，沟深15~25cm，低洼地宜深些，高燥地宜浅些。

5. 定植

当幼苗真叶达到4~5片时即可移栽定植，每畦种2行，按株距50~55cm、行距50~60cm进行定植。株型较小可种密些，植株高大可种稀些。选壮苗、带土起苗，定植后应随即浇定根水1次，以促进发根成活。根据定植时期，适当保温或遮阳。如果遇干旱天气，每隔

2～3 天浇水 1 次，保持土壤湿润，加快缓苗发棵。

6. 加强田间管理

（1）水分管理

因其植株生长旺盛高大，需水量较多。苗成活后，催苗期的水分供给与追肥相结合，以发挥肥效，保持畦面湿润，防止畦沟积水，促进根系深扎。莲座期和花蕾初现期需水肥多，如遇干旱天气，要实施沟灌，即灌跑马水，保持畦面土壤湿润为宜。

（2）合理施肥

花椰菜需肥量大，莲座期和现蕾期需要较多的氮素和适量的磷钾肥，生长盛期还必须配施硼、钙镁等中微量元素肥料。第 1 次追肥在移栽后 7～10 天，每亩施氮磷钾（22∶6∶18）复合肥 10～15kg；隔 7～10 天进行第 2 次追肥，施 45%复合肥 20～25kg，结合中耕除草进行穴施后培土；第 3 次追肥应在莲座期前施完，施氮磷钾（12∶11∶18）复合肥 25～30kg，施肥后浇足清水以免灼伤叶片。

（3）折叶遮花蕾

花椰菜从现花蕾至逐渐膨大期，如不遮盖，则易造成花蕾表面变淡黄、紫色，甚至还会生出黄毛和小叶，降低品质，所以当小花球长至 6～8cm（即拳头大小）时，要束叶盖花防晒。方法有 3 种：一是将内叶折而不断盖在花球上；二是用稻草将内叶束捆包住花球；三是当小花球出现后，将老叶扭曲后内折，把花球全部覆盖住。

7. 病虫害防治

（1）绿色防治技术

① 选用抗病品种。栽培抗病品种，可减轻病害的发生。

② 种子处理。用 10%盐水或 10%～20%硫酸铵水溶液漂除混杂在种子中的病菌后，用 45%代森铵水剂 300 倍液或 0.1%强氯精或 20%农用链霉素液浸种 20 分钟，洗净晾干播种。

③ 轮作换茬。在生产上，提倡与非十字花科作物实行 2～3 年的轮作，以减少田间的初侵染源。

④ 深沟高畦栽培。采用深沟高畦栽培，合理密植；雨后及时排

水，防止土壤过涝、过旱，降低田间湿度，以控制病菌的繁殖和传播。

⑤ 加强管理。适时播种，培育壮苗；大田合理施肥，在施足基肥的同时，前期勤施追肥，中后期避免偏施氮肥，增施磷钾肥，促进植株生长健壮，以提高抗病能力。

⑥ 清洁田园。种前早翻深翻土地，整地晒田，减少菌源；生长期间及时摘除老叶、病叶及病株，带出田外处理。收获后及时清洁田园，减少田间菌源。

（2）药剂防治

在花椰菜生产过程中，加强田间巡查，及时发现病害。在发病初期及时喷药，防止病害蔓延。对已发病的菜株及周围的健株，应重点喷药；选用高效、低毒、低残留农药；农药合理轮换，交替使用；严格执行农药安全间隔期，一般隔 7~10 天喷 1 次药；重病田视病情，可适当增加喷药次数。

① 黑腐病、软腐病。可选用72%农用链霉素可溶性粉剂1 000倍液或 72%新植霉素可溶性粉剂2 000倍液或 77%可杀得（氢氧化铜）可湿性粉剂 800 倍液喷雾防治。

② 病毒病。发病初期，喷 20%病毒 A 可湿性粉剂 500 倍液或植物双效助壮素（病毒 K）800~1 000倍液或 1.5%植病灵乳剂1 000倍液，7~10 天喷施 1 次，连喷 2~3 次。

③ 霜霉病。发病初期，用 60%吡唑・代森联水分散颗粒剂 800 倍液或 68%精甲・锰锌 500 倍液喷雾，每隔 7 天喷 1 次，连喷 3 次。

④ 害虫防治。及时防治小菜蛾、菜青虫、甜菜夜蛾、蚜虫等害虫。菜青虫及菜蛾可用 Bt 乳剂1 000倍、青虫菌 600~800 倍喷杀，或5%抑太保乳油4 000倍、20%速灭杀丁乳油4 000~5 000倍液轮换使用。蚜虫可用 50%避蚜雾可湿性粉剂2 000倍喷杀。

8. 采收

花球充分长大紧实、表面平整、基部花枝略有松散时采收为宜，也可根据市场需求及时采收。

十、菜豆绿色栽培技术

菜豆又名四季豆、芸豆，为喜温性蔬菜，不耐霜冻。菜豆生长的温度界限为10~28℃，以18~22℃最为适宜，开花结荚的最适温度为15~25℃，开花期遇到15℃的低温，有籽豆荚数和每荚的籽粒数都降低，若超过30℃，则容易出现落花、落荚现象，产量降低。菜豆生长要求土壤疏松，通气排水良好，有机质含量高，有利于根瘤菌活动。菜豆对钾需求量较大，硼和钼有利于根瘤菌生长。菜豆属于忌氯作物，不耐氯化盐的盐碱土。

1. 茬口安排

菜豆1年可播种2次，春播在2月中下旬至4月上旬，秋播在7月中旬到8月上旬，具体的播种时期要兼顾不在霜期生长和不在最炎热时期开花结荚为好。设施栽培可根据设施条件进行春提前或越冬栽培。

2. 播种育苗

选取籽粒大、纯正饱满、无病虫、无破损的种子。播前先应进行晾晒1~2天，然后用50~55℃温水浸种10~15分钟，并不断搅拌，待水温降至30℃，停止搅拌。继续浸种3~5小时，待种皮出现皱褶，种脐稍有突起，再用1%福尔马林溶液浸种20分钟，清水洗干净后捞出播种。

播种株距为30~35cm，每窝1~2粒种子，每亩用种量在2kg左右。播种时覆土不宜太深，否则不易出苗，容易烂种，播种后可视土壤干湿情况浇水一次或不浇水。菜豆种子的发芽适宜温度为18~28℃，发芽日数为3~4天，温度偏低时发芽时间相对延长。

3. 肥水管理

菜豆的水分管理应掌握“前控后促，干花湿荚”的原则，结荚前要适当控制水分，防止茎蔓徒长而引起落蕾落花。但过分干燥时则生长迟缓，故要看情况及时灌水或排水。

对肥料的需求则随开花结荚而显著增加，一般是在第二对真叶长出后用10%的氨基酸水冲肥对水浇施；到植株开始团棵时每亩追施三元复合肥6~9kg。开始坐荚后，再追施复合肥两次，每次每亩12~15kg。

4. 病虫害防治

在菜豆的生产中，病虫害是重要的限制因素。在菜豆的整个生长过程中，从根部到茎蔓、从叶片到花器，均可受到不同种类病虫的危害，轻者可造成减产，重者可导致绝产。

菜豆病虫害较多，常见的病害有灰霉病、炭疽病、枯萎病、锈病和疫病等，常见的虫害有白粉虱、斑潜蝇、蚜虫和豆荚螟等。按照“预防为主，综合防治”的植保方针，坚持以“农业防治、物理防治、生物防治为主，以化学防治为辅”的无害化治理原则。首先要针对当地主要病虫控制对象，选用高抗或多抗的品种；培育适龄壮苗，提高抗逆性；控制好棚室的温度、湿度、肥水、光照等条件；通过放风和辅助加温，避免低温和高温障害；深沟高畦，严防积水；清洁田园，及早摘除发病的叶片；棚室内悬挂黄板诱杀害虫，药剂防治选择高效、低毒、低残留的生物农药，以达到优质、安全、无公害生产。

灰霉病属低温高湿型病害，发病初期可用50%异菌脲可湿性粉剂800倍液，或50%腐霉利可湿性粉剂800倍液喷雾防治，每5天1次，连续2~3次。

锈病发病初期可用25%敌力脱乳油3 000倍液或10%苯醚甲环唑可湿性粉剂1 000~1 500倍液对水喷雾，每5天1次，连续2~3次。

菜豆炭疽病叶面喷洒50%代森铵1 000倍液，或60%可湿性代森锌500倍液、扑海因800~1 000倍液，7~10天1次，连防2~3次。

防治豆荚螟可用25%功夫乳油1 000倍液喷雾防治。

防治白粉虱、蚜虫可用25%噻嗪酮可湿性粉剂1 000~1 500倍液，或10%吡虫啉可湿性粉剂800倍液喷雾防治。

5. 及时采收

一般情况下，开花后10~15天可采收嫩荚，气温较低时要15~20天。当豆荚由扁变圆、颜色由绿变淡绿、外表有光泽时为适采期。

总的来说，矮性菜豆从播种到采收，秋播在 50~55 天，春播则要 55~65 天。

十一、萝卜绿色栽培技术

萝卜为半耐寒性蔬菜，生长的温度范围为 5~25℃，生长适宜温度在 20℃左右。肉质根生长温度为 6~20℃，在 6℃以下生长缓慢，并易通过春化未熟抽薹。

1. 茬口安排及品种选择

萝卜一年四季都可进行栽培，不同栽培季节选择不同的栽培品种，并根据气候及栽培条件把萝卜肉质根膨大期安排在适宜生长的温度范围内。

（1）秋冬茬萝卜

选择产量高、品质好、耐贮藏、适宜秋冬栽培的品种，如天津卫青、潍县青、山西大青皮、北京心里美、济南青圆脆、国光 1 号、鲁萝卜系列等。秋冬萝卜通常于夏末秋初播种，秋末冬初收获，生长期 60~120 天。秋冬萝卜产量高、品种好、耐贮藏、供应期长，是各类萝卜中栽培面积最大的。

（2）春夏茬萝卜

一般 3—4 月播种，5—6 月收获，生育期 50~70 天，供应 5 月蔬菜淡季。品种有武汉醉仙桃、南京五月红等。

（3）四季萝卜

四季萝卜肉质根较小，生长期短（30~40 天），较耐寒、适应性强、抽薹晚。优良品种有樱桃萝卜、四缨水萝卜、东北算盘子萝卜等。

2. 施肥整地

种植萝卜要选择土壤肥沃、地势高、排灌方便、土壤疏松、有机质高的沙壤土，避免与同类作物重茬。

选地块平整的土地，每亩施有机肥 5 000kg，45%氮磷钾复合肥 40kg 做基肥。要深耕细耙，施肥均匀，深耕 25~30cm。

3. 适宜播种期

萝卜一般进行直播栽培，根据种子质量、土质、气候和播种方式定播种量。一般大型萝卜品种每亩播种 0.5~0.6kg；中型品种播种 0.7~1kg；小型品种用撒播方式，每亩播种 1~1.5kg。

大型品种按行距 40~50cm，株距 35cm 播种；中型品种按行距 17~27cm，株距 17~20cm 播种。播种时要浇足底水，先浇清水或粪水，再播种、盖土。播种时种子要播得稀密适度，过密幼苗长不好，且匀苗多费工。穴播的每穴播种子 5~7 粒，并要分散开。播后覆土约 2cm，不宜过厚。

4. 田间管理

（1）及时间苗、除草、中耕

保证苗齐、苗壮、大小一致。一般进行 3 次间苗，保留株间距 20cm，行距 40cm，8 000株/亩左右。间苗时及时拔除病苗、畸形苗，田间管理时注意不要碰破叶片、茎秆。

（2）萝卜生长期间，酌情中耕松土

一般中耕不宜深，只松表土即可，并多在封垄前进行。高畦栽培的，要结合中耕进行培土，把畦整理好。长形露身的萝卜品种，也要培土拥根，以免肉质根变形弯曲。植株生长过密的，在后期摘除枯黄老叶，以利通风。萝卜封垄前要中耕 2~3 次，中耕时每亩可施有机肥 200~300kg，硼钙肥 3~5kg。

5. 水肥管理

（1）水分管理

萝卜需水量较多，水分的多少与产量高低、品质优劣关系甚大。萝卜抗旱力弱，要适时适量供给水分，在炎热干燥环境下，肉质根生长不良，常导致萝卜瘦小、纤维多、质粗硬、辣味浓、易空心。水分过多也不好，叶易徒长，肉质根生长量也会受影响，且易发病。因此，要注意合理浇水。每次水肥管理要根据萝卜生长特点进行，根据土壤特征和气候特点，一般间苗后浇 1 次水，团棵时浇 1 次水，萝卜膨大时浇 1 次水。土壤湿度 70%为宜。注意阴雨天及时排涝，防止田间积水、沤根。高温干旱季节要坚持傍晚浇水，切忌中午浇水，以防嫩叶枯萎和肉质根腐烂，收获前 7 天停止浇水。萝卜生长适宜温度，白天 20～25℃，夜间 13～18℃。早播种温度高，易发生病虫害。

（2）施肥管理

萝卜对养分也有特殊的要求，缺硼会使肉质根变黑、糠心。肉质根膨大期要适当增施钾肥，出苗后至定苗前酌情追施护苗肥，幼苗长出 2 片真叶时追施少量肥料，第 2 次间苗后结合中耕除草追肥 1 次。在萝卜“破白”至“露肩”期间进行第 2 次追肥。需要注意的是，追肥不宜靠近肉质根，以免烧根。中耕除草可结合灌水施肥进行，中耕宜先深后浅，先近后远，封行后停止中耕。

秋播萝卜生长期长，80 天左右，需水肥量大，在播种前应多施基肥。在萝卜“破肚”后，进入生长旺盛期，可结合浇水每亩施平衡型大量元素水溶肥 10～15kg，沼沤肥或有机液肥 300～500kg，以促进肉质根膨大。叶面喷施 0.3%的氨基酸叶面肥和 0.3%的磷酸二氢钾叶面肥 2～3 次（每 10 天喷洒 1 次），促进根茎生长，提高产量。

6. 病虫害防治

萝卜整个生长期病害主要有软腐病、褐斑病、茎腐病、白锈病等。主要虫害有蚜虫、白粉虱、菜青虫、小菜蛾等。

（1）软腐病

可用农用链霉素 400 万单位 20kg，也可用 1 000 万单位农用链霉素对水 50kg。多菌灵 600 倍液+400 万单位农用链霉素，或百菌清 700 倍液+1 000万单位农用链霉素喷洒叶面、茎秆。

（2）褐斑病

可用甲霜灵 700 倍液+10%苯醚甲环唑 800 倍液叶面喷洒。

（3）茎腐病

可用特立克生物防治剂 400 倍液喷洒茎秆、叶面，或波尔多液 250 倍液灌根或喷洒茎秆。

（4）萝卜白锈病

① 与非十字花科蔬菜进行隔年轮作；② 前茬收获后，清除田间病残体，以减少田间菌源；③ 药剂防治：发病初期开始喷洒 25%甲霜灵可湿性粉剂1 000倍液，+10%苯醚甲环唑 800 倍液。

(5) 萝卜糠心病

防治方法：① 因地制宜选用不易糠心的萝卜品种；② 加强肥水管理，做到肥水充足，避免土壤忽干忽湿，并适时喷施叶面肥；③ 注意萝卜贮藏期的温湿调控，相对湿度90%~95%为宜；④ 注意适期播种、适期收获。

(6) 虫害防治

蚜虫、白粉虱、菜青虫等可用植物复合杀虫剂苦碱素、烟碱素、茶螨净进行防治。小菜蛾又叫吊丝虫，可用黑光灯诱杀幼虫防治。

7. 及时采收

在采收前半个月停止灌水，以增进品质和耐贮性。采收过早过晚，都会对其品质及耐贮性产生影响，所以要及时采收。采收过早不但影响品质，而且还影响产量；秋冬萝卜采收过晚易受冻害，并且肉质根硬化，在贮藏中容易形成空心。

十二、胡萝卜绿色栽培技术

胡萝卜是半耐寒性的蔬菜，茎叶生长适宜的温度为15~23℃，肉质根膨大期适宜的温度为13~23℃。

1. 品种选择

选用抗病性强、适应性广、易栽培，肉质根近圆柱形、收尾好、质地脆嫩、味甜多汁、品质极佳、商品性优良、成品率高，且适宜鲜食及加工的品种，如坂田七寸、岗红七寸参、黑田六寸、黑田五寸等。

2. 整地施肥

整地时逐年加深耕层，亩基施腐熟的农家肥3 000~3 500kg，腐熟的优质饼肥100~150kg，配施氮、磷、钾各含15%的硫酸钾复合肥30~40kg，深翻25~30cm，然后细耙整平。做到上虚下实、上无坷拉下无卧垡，以利胡萝卜块根膨大。做成宽60cm左右、高10~15cm的高畦，畦间沟宽20cm，畦上宽30~35cm。畦上双行种植，即单畦双行栽培。注意：农家肥和饼肥要充分腐熟方可施用，否则易产生叉根。

3. 适期播种，确保全苗

胡萝卜栽培主要有春茬和秋茬，春播适宜播种期为3—5月，收获期6—7月；秋播适宜期6—7月（以立秋前播种为宜），收获期10—11月。播种时在畦顶按25cm行距双行开沟条播，沟深1cm左右，先浇水，然后下种，覆土，可用麦秸、干草或遮阳网（遮阳网距地面1m左右为宜）等覆盖。待芽苗露白时揭去覆盖物（最好在傍晚进行），然后用喷雾器喷湿畦面，每日喷1次，连喷3~4天，以利出苗。

4. 化学除草，均匀喷雾

播种后，及时亩喷施48%的地乐胺200~250mL，苗前没有进行化除的，可于苗后杂草出齐时再用10.8%的盖草能30~40mL，对水50kg喷雾化除。喷雾要求均匀周到，不漏喷、不重喷，最好使用防护罩。

5. 田间管理

播种后及时浇水，保持畦面湿润以利出苗。苗基本出齐后，不宜多浇水，进行蹲苗以利于发根。当幼苗有1~2片真叶时进行第一次间苗，保持苗距3~4cm；4~5片真叶时进行第二次间苗；6~7片真叶时定苗，株距8~10cm。4叶期结合浇水每亩追施硫酸钾复合肥15kg；间隔20天左右，在7~8叶期结合浇水每亩追施硫酸钾复合肥10kg；后期可叶面喷施腐殖酸类叶面肥。肉质根膨大期，要适时适量浇水，保持土壤湿润（土壤相对湿度65%~80%）。若浇水不足，则肉质根瘦小而粗糙，品质差。若浇水不匀，则易引起肉质根开裂。雨后排出田间积水，防止因水量不匀而引起的肉质根裂口和腐烂。

在每次浇水后及时中耕，保持土壤疏松、透气、保墒，以利幼苗生长，肉质根膨大。在肉质根膨大期，应适当培土，可防止胡萝卜青肩发生，提高外观品质。

6. 病虫害防治

胡萝卜病害主要有黑腐病、黑斑病等，虫害主要有地老虎、蚜虫和白粉虱等。病虫害防治以预防为主，综合防治，坚持以“农业防治、物理防治、生物防治为主，化学防治为辅”的绿色防治原则。

（1）农业防治

针对当地主要病害发生情况，选用高抗、多抗胡萝卜品种。

（2）物理防治

采用黑光灯、频振式杀虫灯、糖醋液、性诱剂等诱杀鳞翅目害虫成虫。采用黄板诱蚜、蓝板驱蚜防控其危害。

（3）药剂防治

防治地下害虫，于播种前每亩用麦麸皮等2~3kg，用锅炒熟，用40%辛硫磷乳油500倍液拌饵料，撒于地表防治地下害虫。

防治蚜虫采用10%吡虫啉可湿性粉剂800倍液，或5%天然除虫菊素乳油500倍液，或0.3%印楝素乳油500倍液等喷雾。

防治白粉虱采用2.5%联苯菊酯乳油1 000倍液，或10%吡虫啉可湿性粉剂800倍液等喷雾。

防治黑腐病采用75%百菌清可湿性粉剂500倍液或80%代森锰锌可湿性粉剂600倍液等喷雾。用80%代森锰锌可湿性粉剂600~800倍液+10%苯醚甲环唑800倍液，或75%百菌清可湿性粉剂600倍液+50%异菌脲可湿性粉剂1 500倍液喷雾防治黑斑病。

注意：防治病虫害的同一种药剂或相同成分的药剂全生育期只能使用1次，采收前15天严禁用药。

7. 适期收获

一般胡萝卜生育期为90~150天，可根据生育期及市场行情适期收获。胡萝卜适时收获可提高其商品性，采收过早、过迟都会影响胡萝卜的商品性状及产量。在叶片生长停止、新叶不发、外叶变黄萎蔫，观看胡萝卜肉质根外表饱满、表皮光滑、肉质根尖圆满、口感甜、无纤维，即可收获。

十三、马铃薯绿色栽培技术

马铃薯喜冷凉温和的气候，耐轻霜，不耐热。6℃时，芽眼萌动，12℃以上块茎顺利发芽，幼苗生长适温13~18℃，茎叶生长适温16℃，块茎生长发育的最适温度为17~19℃，温度低于2℃和高于

29℃时，块茎停止生长。

马铃薯忌连作，喜轮作，春薯以秋季腾地作物的葱蒜类、胡萝卜、黄瓜等茬口为好。

1. 整地施肥

马铃薯的块茎是在土内形成和膨大的，要求土壤耕层深厚、疏松而湿润，一般要求深耕25cm左右并耙细作畦。每亩施有机肥3 000~5 000kg，氮、磷、钾复合肥50kg，结合作畦或穴施于10cm以下的土层中。

2. 选种与茬口安排

马铃薯的种类较多，在进行马铃薯栽培时应该选择无病虫害、无冻伤、块茎大小适中、芽眼小而浅、薯块的表皮柔嫩、色泽光鲜、肉较紧实、抗病、适宜在当地栽种的高产种薯。

在北方一季作区要选择耐旱、休眠期长的中晚熟或晚熟品种，如克新4号等。二季作区可分为春秋两茬栽培。春马铃薯露地栽培于3月上旬播种，大棚栽培可提早到2月上旬播种，选择结薯早、产量高、休眠期短、耐抽薹、抗病性强的脱毒中早熟品种，如早熟高产品种“东农303”。秋马铃薯多在8月上旬播种。

3. 种薯处理

（1）晒种

播种前30~40天，种薯置于15~18℃的散射光条件下暖种催芽，多数种薯顶芽萌动为止。晒种能限制顶芽生长，促进侧芽的发育，使薯块各部位的芽都能大体发育一致。

（2）切块处理

晒种后要进行切块处理，切块要求每块马铃薯在30~35g，且保证每个马铃薯的切块有2~3个芽眼。为了保证马铃薯的质量和安全，在进行切块的过程中，每次切块都必须要用酒精或者高锰酸钾进行消毒。发现病薯，则要将病薯进行剔除。最后需用草木灰对种块进行拌种处理，草木灰具有抗病虫、抗旱、抗寒等作用，拌种之后要用湿麻袋进行覆盖，1天之后再将麻袋揭开进行播种或催芽。

（3）催芽

播种前20~30天阳畦内覆沙土10cm，将种薯密排于苗床上，播后盖沙3~4cm，地温保持15~20℃，10~15天后，芽长1~2cm时栽植。

4. 播种

春季播种掌握在10cm地温稳定在7℃左右适宜，山东地区一般在3月上旬播种。播种还要注意播种方式，通常马铃薯的播种方式为机械播种，这种播种方式效率较高，可以较好地保证播种的质量和效率。需要注意，机械播种时可以不催芽或催芽不宜太长，以防播种过程中碰伤幼芽。按40cm左右的行间开沟，将薯块按20cm的株距排于沟中，从两侧覆土起垄，垄底宽40cm左右，高20cm。每亩播种5 000~6 000块为宜。

5. 田间管理

田间管理的原则是“先蹲后促”，即：显蕾前，尽量不浇水，以防地上部疯长；显蕾以后，浇水施肥，促进地下部分生长，以保持土壤湿润，地皮见干、见湿为宜。收获前10天不浇水，以防田间烂薯，如果发现植株有疯长趋势，可在显蕾期（4月下旬5月初）每亩喷50~100g 15%的多效唑进行控制。苗前耢一遍，有提高地温兼灭草作用；幼芽顶土时进行一次深耕、浅培土；苗出齐后及时铲蹚，提高地温；发棵期进行第三遍铲蹚，高培土，利于块茎膨大和多层结薯。马铃薯是中耕作物，结薯层主要分布在10~15cm的土层中，因此需要疏松的土壤环境。中耕除草应掌握“头道深，二道浅，三道刮刮脸”的原则。培土时间，第一次培土在苗全后10~15天。第二次培土，苗全后20~25天。第三次培土，培土厚度一般不低于12cm，覆土太薄地温变化大时，匍匐茎窜出地面。

6. 病虫害防治

马铃薯病虫害防治按照“预防为主、综合防治”的植保工作方针，以脱毒种薯、地膜覆盖、配方施肥、高垄栽培等农业措施为基础，以土壤处理、种薯处理和化学应急防治等关键防治措施为重点，积极组织开展专业化统防统治，努力把病虫害损失降低到最低限度。

（1）病害防治

① 病毒病。病毒病能通过种薯传播，是马铃薯品种退化的主要原因。病毒为害主要有两种：一是皱缩花叶，二是卷叶。防治方法：选用抗病品种及进行脱毒处理。选用无病毒种薯，田间作业时，注意尽量减少人为传播，及时喷药防治蚜虫，可用10%吡虫啉1 000倍液喷杀。

② 晚疫病。又称马铃薯瘟，是生产上的主要病害。病菌可侵染叶片、茎及薯块。防治方法：选用抗病品种及无病种薯，种植前进行种薯消毒，药剂（福尔马林）、温汤消毒均可。及时拔去中心病株和进行中耕除草。在当地发病前开始喷波尔多液预防，或用80%代森锌600~800倍液、75%百菌清600~800倍液防治。

③ 环腐病。一般在开花期前后开始表现症状，病株枝，茎缩短，叶色褪黄凋萎，叶脉间变黄，产生黑褐色斑块，叶缘略向上卷曲。防治方法：选用无病种薯，留种和切薯前彻底淘汰病薯，切块时要注意刀的消毒。发现病株时及时消除。注意防治地下害虫，实行轮作，选用抗病品种。

④ 疮痂病。疮痂病菌是一种放线菌，只侵害薯块。发病初期在薯块上产生褐色圆形或不规则小点，表面粗糙，呈疮痂状硬斑，一般只在薯块皮部发病，温度高时发病较重。防治方法同环腐病。

（2）虫害防治

① 斑潜蝇。春季马铃薯发棵期和薯块膨大期的防治工作，成虫、幼虫兼顾，以防成虫为主。选用1.8%阿维菌素乳油和75%灭蝇胺可湿性粉剂单剂交替使用，每6~7天1次，连防5~6次，能有效防制斑潜蝇的危害。

② 蚜虫。用2.5%的联苯菊酯乳油或10%的吡虫啉可湿性粉剂防治，可加入洗衣粉来消融蚜虫分泌的蜡质，效果更佳；在迁飞期可用黄色板涂上机油诱杀。

③ 蛴螬。在马铃薯整个生育期间，都能为害其根部，成虫为害马铃薯地上部分。防治方法：药剂防治，用50%辛硫磷乳剂1 500倍液于翻地前喷施土面；有机底肥要彻底腐熟后才能施用；注意轮作；蛴螬发生严重的地块，可采用连浇2遍水的方法，简便有效。

④ 地老虎。每年春季（3—4 月）为害最为严重。防治方法：清洁田园，及时消灭田间杂草，幼虫 3 龄前喷施 100 倍敌百虫液于地面；马铃薯苗出土后，幼虫进入 3 龄钻入地下土中，可用切碎菜叶 50kg 加 2%敌百虫水溶液 15kg 搅拌均匀，傍晚撒入田间进行诱杀。

7. 收获

达到生理成熟时收获，早熟品种 8 月中下旬，中晚熟品种 9 月上中旬收获。收获前一周左右，将马铃薯田机械割秧或化学灭秧，并将茎叶清理出地块。起收时挖掘深度要合理，防止丢薯和破皮伤薯。装运时应轻拿轻放，运输和贮藏时防止日晒、雨淋和冻害。

十四、韭菜绿色栽培技术

1. 品种选择

在品种选择上，小拱棚韭菜宜选用抗寒性强、休眠期短、假茎粗壮、生长快、叶片肥厚宽大的品种，如寿光独根红、汉中冬韭、791 雪韭等。

2. 播种育苗

韭菜种植后可连续生产 3～4 年。因此，韭菜一般采用育苗移栽的方式，既节省土地，又便于田间管理，使栽植疏密一致，又可深栽减缓跳根影响。

（1）苗床准备及播种

苗床要选择土壤疏松肥沃，两年内未种过葱蒜类蔬菜的高燥地块。在 3 月下旬至清明期间，地温稳定在 10℃以上即可播种，一般每亩育苗地需 5～7.5kg 韭菜种子，每亩地幼苗可栽 5～8 亩菜田。播种前每亩施三元复合肥（N-P-K=15-15-15）25～30kg，与土壤混合均匀，做成东西向长畦，浇足底水，待水完全下渗后均匀撒上种子（尽量用新种子），覆盖 1cm 左右的细土，播种后加盖地膜增温保墒，促进快速出苗。

（2）苗期管理

在韭菜种子发芽顶土时要及时撤掉地膜，以防烧苗。幼苗出土到

3片真叶期，由于根系细弱，要保持畦面湿润，一般每隔5~7天浇一小水。当幼苗长出4~5片叶，苗高15cm左右时，根系已比较发达，可适当控制浇水，以防徒长。苗高15cm左右后可结合浇水追肥1~2次，每次每亩追施尿素10kg左右，以利于培育壮苗。定植移栽前10天不再浇水，适当蹲苗。

3. 移栽定植

（1）整地施肥

韭菜喜肥好湿，定植地块适宜选择土壤肥沃，土层深厚，两年以上未种过葱蒜类蔬菜的田块。每亩施用腐熟优质农家肥5 000kg，三元复合肥（N-P-K=15-15-15）30~50kg作为基肥。深耕25~30cm使土肥混合均匀。然后再按照田间布置的要求做东西向延长的长畦，畦长30m（长度可根据地块适当调整）、宽2~2.5m，畦与畦间留操作畦1~1.2m宽。

（2）移栽定植

6月下旬至7月上旬，当韭菜苗龄达到60~80天，韭苗长出7片叶左右，株高18~20cm即可定植。定植时将病株及畸形的幼苗剔除，按行距30~35cm、株距1.0~1.5cm进行单株密植，一般每亩栽苗10万~15万株。移栽后及时浇定植水，使根系与土壤紧密结合，促进缓苗。

4. 夏秋季节管理

韭菜缓苗后，及时中耕保墒，保持土壤见干见湿。以后随着气温渐高，不适于韭菜生长，一般不进行浇水追肥，热雨过后及时浇井水降温，防止高温引起烂根。与此同时，要注意中耕除草，也可喷施除草剂防治杂草，可每亩用33%除草通乳油150mL，对水50~70kg进行防治。进入9月，天气逐渐凉爽，适宜韭菜生长，韭菜需水量增大，宜6~7天浇1次水，并经常保持土壤湿润。10月后随着温度降低，地表保持见干见湿，不干不浇水。以后随着气温下降，应减少浇水，强制地上部缓和长势，促使营养物质向根部回流，以防植株贪青而影响养分的贮藏积累，不利于越冬生长。

追肥管理方面，结合浇水于8月中下旬到9月下旬进行2~3次追肥，每次每亩追施尿素 15~20kg，可利用雨天撒施，也可追施腐熟人粪尿2 000kg，或腐熟饼肥、腐熟鸡粪 200~250kg。

注意事项：韭菜扣棚期间的生长主要依赖于冬前储蓄到根茎和鳞茎里的养分。因此，养好韭根非常重要，而秋天则是养根的关键时期。因此小拱棚越冬茬韭菜秋季不收割，并要及时抽薹掐花。

5. 越冬管理

小拱棚韭菜深冬栽培上市时间为 12 月底至翌年 3 月初，以抢占元旦和春节市场为主要目标。为保证韭菜品质一年仅收割一刀。从扣棚至收割第 1 茬韭菜所需时间按 35~45 天计算，因此从 11 月中下旬开始，即可根据市场需要、种植面积及劳动力状况，分期进行扣棚。

（1）设风障

立冬前后，在韭菜畦北端操作畦内距韭畦 30cm 处挖一条东西向长沟，每隔 30cm 埋设一根竹竿架起一排篱笆，相邻竹竿前后交错中间夹设宽约 2m 的旧薄膜，薄膜下端埋入沟中，上端用横杆固定在篱笆上。风障应稍向南倾斜，与地面呈 75°角，以增强风障的防风增温效果。

（2）架小拱棚

立冬后韭菜地上部分枯萎，将架好风障的韭畦内的枯叶割去，并清除干净。用 50%的多菌灵 500 倍液喷雾消毒，并用 50%辛硫磷乳油1 000倍液+1.1%苦参碱粉剂 500 倍液和 50%速克灵可湿性粉剂顺垄喷灌根部，防治韭蛆和灰霉病。浇透水 1 次，韭菜是需硫较高的作物，因此每亩可随水冲施硫酸钾复合肥 50kg，从而提高韭菜产量，改善韭菜品质。待水渗下后，用宽 5cm 的竹片，按 50~70cm 的拱间距，搭设东西走向的小拱棚，小拱棚高度为 0.5m 左右。随天气渐冷，夜晚加盖草苫防寒，拱棚北侧与风障之间的空间用麦秸、干草等填实防寒。

（3）扣棚后的管理

扣棚初期一般不用揭膜放风，白天保持 28~30℃，夜间 10~12℃。韭菜萌发后，棚温白天控制在 15~24℃，超过 25℃注意放风排湿。夜间 10~12℃，不低于 5℃，若气温较低，可通过加盖草苫或小拱棚内加盖地膜（地膜平铺畦面即可，四周不用压紧）保温，相对湿度保持在60%~70%。由于每畦韭菜只收割一茬，因此韭菜生长期间，一般不需追肥，根据情况可选晴天上午浇水1次。

6. 采收

扣棚后35~45天，韭菜株高40cm左右即可采收。采收要在晴天早晨进行，采收时注意适当留茬，边收割边简单将黄叶、老叶、杂质等不能食用的部分摘掉，并及时装筐。采收后撤走拱棚和风障，不要浇水，畦面覆盖作物秸秆、干草或旧薄膜等保温防冻。韭菜进入养根壮棵阶段，预示着一个生产周期的结束。一般韭菜定植后可连续生产3~4年，然后需挖出韭根更新换茬，不然产量会逐渐降低。

7. 韭蛆绿色防控技术

为控制韭蛆的发生及为害，减少农药残留，提高韭菜的产量和品质。2017年起寿光文家韭菜在生产上推广了日晒高温覆膜法防治韭蛆，取得了较好的效果。在4月下旬至5月下旬选择晴朗天气，割除生长中的韭菜，注意韭茬要矮，尽可与地面相平。然后用透光性好的浅蓝色无滴膜盖好畦面，四周用土压实。待膜内5cm深处土壤温度达到40℃以上，且持续2~3小时，即可杀死韭蛆。一般早晨8:00左右覆膜，下午6:00揭膜即可。如天气晴好，日照强度强，膜下5cm深处土壤温度短时间达到50℃，可在膜上撒些泥土，尽量使温度保持在40~50℃的范围，以防对韭根造成伤害。揭膜后，待土壤温度降低后进行浇水缓苗，生长过程中保持土壤湿润。

十五、大蒜绿色栽培技术

大蒜喜凉爽的气候条件，生长适宜温度为12~26℃。大蒜在3~5℃开始萌芽，12℃以上萌芽速度快，幼苗期最适温度12~16℃，幼苗期极耐寒，可耐-7℃的低温，鳞芽形成期适宜的温度为15~20℃。大蒜忌连作，露地栽培春、秋两季都可播种。露地生产主要供应蒜头、蒜薹、青蒜。保护地生产主要提供青蒜和蒜黄。

1. 品种选择

大蒜品种一般选用高产、优质、商品性好、抗病虫、抗逆性强的品种。大蒜根据鳞茎外皮颜色可分为紫皮蒜和白皮蒜两种类型。一般紫皮蒜的蒜瓣少而大，每头 4~8 瓣，辛辣味浓，产量高，但耐寒性差，华北、东北、西北适宜春播。主要品种有黑龙江阿城大蒜、辽宁开原大蒜、四川二水早等。白皮蒜有大瓣种和小瓣种，大瓣种每头 5~10 瓣，味香辛，产量高，品质好，以生产蒜头和蒜薹为主，是生产上的主栽类型，如苍山大蒜、金乡白蒜等；小瓣种每头 10 瓣以上，叶数多，假茎较高，辣味较淡，产量低，适于蒜黄和青蒜栽培。播种前要严格精选蒜种，选择头大、瓣大、瓣齐且有代表性的蒜头，清除霉烂、虫蛀、沤根的蒜种，随后掰瓣分级。

2. 整地施肥

大蒜对前茬作物选择不严。大蒜根系入土浅，要求表土营养丰富，施肥以农家肥为主、化肥为辅。耕翻土地前每亩施腐熟有机肥 4 000~5 000kg，整平耙细后做畦，把畦面整平后再施入速效化肥，施用量因地力而定。肥力中等土壤可每亩施三元复合肥（N-P-K=15-15-15）25~30kg、生物菌有机肥 40kg（集中施），同时补施硼、锌、硫等中、微量元素肥。施肥后进行细耕、细耙，做畦，畦宽 1.80m，畦间沟宽 20cm，深 10cm。

3. 播种

（1）播种时间

秋播大蒜的适宜播期为 9 月下旬至 10 月上旬。大蒜适宜的发芽温度是 15~20℃。如播种过早，大蒜出苗缓慢，易造成烂瓣。

（2）播种方法

按行距 20cm、株距 8~10cm 进行播种。播种时，将大蒜瓣的弓背朝向畦向，以使大蒜叶片在田间分布均匀。地膜覆盖栽培播种深度为 2.5~3.0cm，盖土覆膜。覆膜时要将地膜拉平、拉紧，两边用土压实，让地膜紧贴地面，以利大蒜出苗。

4. 田间管理

（1）苗期管理

大蒜播种 7 天左右即可出苗。出苗后放出叶片前，用扫帚等轻轻拍打地膜，蒜芽即可透出地膜。少量幼芽不能顶出地膜，可用小铁钩及时破膜拎苗，否则将严重影响幼苗生长，也易引起地膜破裂。

（2）冬前及越冬期管理

出苗后视土壤墒情和出苗整齐度可浇一次小水，以利苗全，打好越冬基础。壤土或轻黏壤土可于覆盖地膜前浇水，黏土地可覆盖地膜后浇水或不浇。根据墒情，可于 11 月上中旬浇越冬水，必须浇透，越冬水切勿在结冰时浇灌。越冬期间应特别注意保护地膜完好，防止被风吹起，若有发现应及时压好。

（3）返青期管理

翌年 2 月中旬，即“惊蛰”前，气温上升，蒜苗返青生长，在返青前后可喷一次植物抗寒剂，以防倒春寒对大蒜的伤害。春分后，大蒜处在“烂母期”，此期易发生蒜蛆，注意加强防治。

（4）蒜薹生长期管理

若前期未追肥或缺肥，可结合浇水每亩追施平衡型大量元素水溶肥 5~10kg。此后各生育阶段，分次浇水保持田间的湿润状态。地膜栽培大蒜应在清明以后，待温度稳定后，除去地膜和杂草，每亩追施平衡型大量元素水溶肥 10~15kg，并喷施高效叶面肥，然后浇 1 次透水。注意蒜薹采收前 3~4 天停止浇水，以利于采收。

（5）鳞茎膨大期管理

蒜薹采收后，植株中的营养逐渐向鳞茎输送，鳞芽进入膨大盛期。为加速鳞茎膨大，可根据长势，在采薹后再追施速效性的磷、钾肥，同时要小水勤浇，保持土壤湿润，降低地温，促进鳞茎肥大。大蒜收获前 5~7 天停止浇水，防止土壤太湿造成蒜皮腐烂，鳞茎松散，不耐贮藏。

5. 适时采收

（1）蒜薹收获

蒜薹收获的时间和方法，直接关系到蒜薹和蒜头的产量和品质，及时采薹，不仅蒜薹质量好，而且可促进蒜头的迅速膨大。蒜薹抽出叶鞘，开始甩弯时，是蒜薹采收最佳时期。采薹宜在中午进行，此时膨压降低，韧性增强，不易折断。

（2）鳞茎收获

鳞茎一般在采薹后 18 天左右开始收获，即当蒜叶枯萎，假薹变干变软，如把蒜秸在基部用力向一边压倒地面后，有韧性，此时可以收获。收获后，要及时晾晒，晒叶不晒头，否则鳞茎发绿，内部组织成烫伤状，贮藏时易腐烂。

6. 病虫害综合防控

大蒜的主要病害有大蒜叶枯病、紫斑病等，虫害主要有甜菜夜蛾、葱须鳞蛾、蓟马、斑潜蝇、蚜虫等。

（1）农业防控

采取清洁田园、科学施肥灌水、加强中耕管理等农业技术措施，创造有利于大蒜生长，不利于病虫发生为害的生态环境条件，增强植株的抗病虫性，减轻为害。

（2）物理防控

一是利用频振式杀虫灯诱杀夜蛾类害虫成虫，每盏频振式杀虫灯控制面积可达30~50亩；二是利用害虫的趋色习性来诱杀害虫，如用黄色粘胶板诱杀有翅蚜、斑潜蝇等害虫，利用蓝色粘胶板诱杀蓟马，每亩挂20~30块（20㎝×24㎝）粘胶板，就可有效控制虫害的发生。

（3）药剂防控

科学合理使用农药，并遵循“严格、准确、适量”的原则，对症下药，交替使用农药；严格执行农药安全间隔期限，禁止使用高毒高残留农药；采用新型施药器械，提高药液雾化效果，以减少农药用量，提高农药的有效性，提高防治效果。

① 蒜叶枯病和紫斑病药剂防控。在大蒜生长前期，即大蒜在幼苗期和花芽鳞芽分化期以前，用70%代森锰锌可湿性粉剂500倍液或75%百菌清可湿性粉剂500倍液等药剂进行喷雾预防，每隔10天1次，连续防治2~3次；发病初期选用10%苯醚甲环唑水分散颗粒剂1 500~2 000倍液或75%百菌清可湿粉剂500~600倍液或25%丙环唑乳油2 500~3 000倍液等进行喷雾防治，每隔7~10天1次，连续防治3~4次。

② 夜蛾类害虫（甜菜夜蛾、葱须鳞蛾等）药剂防控。在夜蛾类害虫（甜菜夜蛾、葱须鳞蛾等）幼虫1~2龄期，选用5%氟氯氰菊酯1 000~1 500倍液或苏云金杆菌菌粉800~1 000倍液或50%氟虫脲EC

1 000~1 500倍液进行喷雾防治，每隔 7 天 1 次，连续防治 2~3 次。

③ 蓟马药剂防控。选用 10%吡虫啉可湿性粉剂 800~1 000倍液或 5%啶虫脒乳油 800~1 000倍液等进行喷雾防治，每隔 7 天 1 次，连续防治 2~3 次，还可兼防蚜虫。

④ 斑潜蝇药剂防控。选用 1.8%阿维菌素乳油 800~1 000倍液或 70%灭蝇胺可湿性粉剂 800~1 000倍液等进行喷雾防治，每隔 7 天 1 次，连续防治 2~3 次。

十六、洋葱绿色栽培技术

洋葱为耐寒性蔬菜，对温度的适应性较强。幼苗生长的适宜温度为 12~20℃，但健壮幼苗抗寒性很强，能忍耐 -7~-6℃ 低温，叶片生长期适宜温度为 18~20℃，抽薹开花期的适宜温度为 15~20℃，鳞茎膨大期为 20~26℃。鳞茎在 15℃ 以下不能膨大，温度过高超过 26℃时，鳞茎便停止生长，进入生理休眠。洋葱忌重茬，不宜与葱蒜类连作。

1. 茬口安排

洋葱的栽培季节各地差别较大，但都将叶生长盛期安排在凉爽季节，鳞茎形成期安排在温度较高和长日照季节。主要有以下栽培茬口。

（1）秋播、秋栽

8 月下旬至 9 月上旬播种，10 月下旬至 11 月上旬定植，翌年 5 月下旬至 6 月上旬收获。这种栽培方式的优点是洋葱幼苗在田间的生长期长，春季返青早、返青快，对鳞茎的生长和提高产量都有利。山东多采用这种方式。

（2）秋播、春栽

8 月下旬至 9 月播种，翌年春季 3 月下旬至 5 月上旬定植，适合于较寒冷的东北、西北地区。

（3）春播、春栽

春季保护地育苗，晚霜后定植大田，秋季收获。适合于夏季温度偏低和雨水较少的高寒地区，采用短日照类型或日照要求不太严格的品种。

2. 品种选择和播种育苗

（1）品种选择

目前种植的品种主要是黄皮和红皮两种，保鲜出口洋葱以黄皮品种为主，国内市场以红皮洋葱为主。

（2）苗床选择

选择排灌条件好，土壤肥沃、疏松、保水性强，2～3 年未种过葱蒜类蔬菜的地块作苗床。前茬作物收获后，深耕细耙做成 1.3～1.5m 的平畦，长短可根据地块和育苗多少而定。

（3）适期育苗

洋葱育苗的播种期要求比较严格，一般在当地平均气温 20～22℃播种为宜。播种过早，越冬前幼苗粗大，翌春易造成大量植株的未熟抽薹，影响产量与品质；播种过晚幼苗弱小，越冬时抗寒能力差，幼苗死亡率高，产量降低。每栽植一亩（需苗床 50m^{2}左右）用种量 150g。不必催芽，苗床灌水，待水下渗后播种。播种时把种子与细沙土按 1∶50 的比例掺匀后撒播，播后覆细土 1cm，随后覆地膜保湿，同时用草苫覆盖遮阴防高温。为防苗期病害发生，每平方米苗床用 30%多·福可湿性粉剂 6g 拌细土 4～5kg，播种后将苗土均匀撒在畦面，可有效预防猝倒病和多种苗期病害。

（4）苗期管理

遮阴保湿是育苗中的两个关键措施，决定着育苗的成败。6～7 天破土出苗后，揭去地膜，但仍需遮阴。7～8 天齐苗后可在早、晚除去遮阴物炼苗，在 3 天后除去遮阴物。15 天后浇 1 次提苗水，以浇透为原则，但不能积水，结合浇水亩施 10kg 尿素提苗，以后保持畦面湿润。

3. 定植

（1）施足底肥

定植田每亩施腐熟的有机肥 4 000～5 000kg 或腐熟好的饼肥 400～500kg，N、P、K 含量各 15%的复合肥 25kg，深耕 30cm，做成宽 1.6～1.7m 平畦。

（2）定植时间

洋葱的定植分秋栽和春栽。秋栽洋葱在严寒到来前30~40天定植，使越冬前根系已恢复生长，一般在10月底至11月初定植。春栽洋葱的定植期要尽量提早，可在土壤表层解冻以后立即定植，以争取较长的生长期。

（3）定植方法

定植前，选择根系发达、生长健壮的幼苗，并按幼苗高度及茎基部的粗细分别栽植。剔除无根、无生长点、过矮、纤弱的小苗和叶片过长的徒长苗、分蘖苗及受病虫害侵害的苗。壮苗标准：苗龄50~55天，3~4片真叶，假茎0.6~0.7cm，单株重3.8~5.6g。假茎大于0.9cm的列为大苗，易抽薹；假茎小于0.4cm的列为小苗应淘汰。幼苗按大、中、小分级分别栽植，便于分别管理。密度以株行距（15~18）cm×（18~20）cm，每亩1.8万~2.5万株为宜；洋葱适于浅栽，以幼苗假茎部埋入土中2~3cm，浇水后不倒秧、不漂秧为宜。过深，叶部生长过旺，会使假茎部分增粗而影响鳞茎膨大；过浅，浇水后容易倒伏，影响缓苗。

4. 田间管理

洋葱定植后应尽快促进缓苗，力争早形成一定数量大小的功能叶片，以利制造积累养分，安全越冬。冬前定植的秧苗，由于气温低，蒸发量小，幼苗生长缓慢，除定植后浇1次水促进缓苗外，应控制浇水，返苗后浇1次越冬水，护根防寒。

（1）越冬期管理重点

冬季和早春，影响幼苗生长的主要限制因素是温度。管理主要是保全地膜，防止大风刮起地膜，保膜增温促早发。

（2）翌年春季重点是肥水管理

返青期：早春气温较低，蒸发量和植株生长量小，为提高地温，在进入发叶盛期以前，浇水不宜过勤、过大，以利发根。3月上中旬浇1次返青水，浇水宜小，以浇透为原则。一般结合浇水亩施尿素10kg左右。

生长盛期：3月下旬至4月上旬，浇1次发棵水，浇水以早晚为好，应杜绝大水漫灌，促进植株健壮生长。结合浇水亩施尿素20kg，同时应增施钾肥，随水冲施 4~5kg 磷酸二氢钾，补充速效钾肥。

鳞茎膨大期：正值需肥水高峰期，4 月中旬浇 1 次膨大水，结合浇水每亩冲施尿素 15kg、磷酸二氢钾 5~6kg 。一般 4 月底以后不再施肥，但保持土壤湿润，即补充植株所需水分，又不致引发病虫害。

5. 病虫害防治

（1）蓟马、蚜虫

一般从 4 月中旬前后开始发生，随着虫口的积累，危害不断加重，5 月达到高峰。因此防治应提倡一个“早”字，即早治，压低虫口基数，可起到事半功倍的效果。发生初期结合防治洋葱病害，用 10%吡虫啉可湿性粉剂 800~1 000倍加敌杀死乳油 1 500倍液或 50%噻虫胺水分散颗粒剂 1 000~1 500倍液喷雾防治。

（2）地蛆

主要是杀灭越冬代，可于定植后覆膜前喷洒 50%辛硫磷乳油等灭虫，次年 4 月上旬幼虫危害初盛期可用 50%辛硫磷乳油复配 5%功夫菊酯乳油防治。3%呋虫胺颗粒剂处理土壤。

（3）病害防治

① 霜霉病。

防治方法：合理轮作换茬，选用抗病品种，及时清理病残株并带出田外深埋或烧毁。采用 50℃温水搅拌浸种 25 分钟。药剂防治：发病前可用 70%丙森锌可湿性粉剂 600~800 倍液或 75%百菌清可湿性粉剂 500 倍液、80%代森锰锌可湿性粉剂 800 倍液 7~10 天喷 1 次，连喷 2~3 次。

② 软腐病。

防治方法：培育壮苗，适期早栽，浅浇水，防止氮肥过多。及时防治蓟马、地蛆等。发病初期亩用 72%农用硫酸链霉素可湿性粉剂 2 000倍液或 47%春雷・王铜可湿性粉剂 800~1 000倍液，视病情每隔 7~10 天1 次，连续防治 2~3 次。喷药时最好和叶面微肥混喷，以提高植株的抗病能力，同时各种病虫可进行兼治。

6. 收获

当洋葱叶片变黄，假茎变软并开始倒伏，鳞茎停止膨大，进入休眠阶段即为鳞茎成熟，应及时收获。为了防止贮藏期间的腐烂，收获前 7～8 天要停止浇水，同时要抢在雨前采收，防止造成腐烂。

十七、菠菜绿色栽培技术

菠菜属于耐寒性蔬菜，适于在凉爽气候条件下生长。种子发芽的最低温度为 4℃，最适温度为 15～20℃；营养生长最适温度为 15～20℃，25℃以上，生长不良。幼苗抗寒力强，在 2～3 片真叶时可忍耐-6℃低温。

1. 栽培茬口

春茬：早春平均气温达 4～5℃即可播种，春末初夏收获。华北、华中地区 2—3 月播种，4—5 月采收。北方地区表土 4～6cm 解冻后播种，5—6 月收获。

秋茬：夏末秋初播种。华北地区 8 月播种，9 月中旬至 10 月下旬采收。东北、西北、内蒙古等地“大暑”至“立秋”播种，“秋分”至“霜降”采收。

越冬茬：秋天播种后以幼苗越冬，翌年春季收获。华北地区“白露”至“秋分”播种，“春分”后陆续采收。东北、西北等地区 11—12 月播种，发芽出土前土壤封冻，以刚萌动的种子露地越冬，俗称“埋头菠菜”。

2. 整地施肥

根据菠菜栽培模式和土壤地力状况进行合理施肥，一般在翻耙整地之前撒施基肥，每亩施有机肥 3 000～5 000kg，所用有机肥一定要经过无害化处理，禁止使用城市垃圾和没有进行高温腐熟的人畜粪便。配合施用有机肥撒施一定量的氮磷钾复合肥，然后深翻 20～25cm，做畦或起垄待播。越冬菠菜土壤要有很好的保水保肥力，施足有机肥，保证菠菜安全越冬。

3. 种子选择

秋季菠菜生产应选用丰产、抗病、耐热的优质品种。春季和越冬菠菜生产应选择丰产、抗病、耐寒性强的优质品种；种子质量符合

GB16715.5—1999良种指标，发芽率≥70%，水分≤10%，种子纯度≥92%，净度≥97%。

4. 种子处理

在播种前一天浸种，首先要搓去种子表面的黏液，反复2次后捞出沥干，然后凉水浸种10~14小时，浸种后可以直接播种；或者在15~20℃的条件下进行催芽，待80%以上种子露出胚根后即可播种。

5. 播种方法

播种方法有撒播、穴播和条播，棚室栽培一般进行催芽播种，露地栽培采取直播方式，催芽播种后应保持土壤湿润，防止芽干。越冬栽培茬口宜采用条播方式，以利覆土，保证出苗率。条播行距10~15cm，开沟深度5~6cm。越冬种植播种量要大些，每亩用种10kg左右，夏秋季高温期亩播种量4~5kg，春季栽培播种量每亩需3~4kg。

6. 田间管理

（1）春季栽培管理

在初春或春季播种，播种后由于前期温度较低，可适当控制浇水；后期气温逐渐升高时，要保持土壤湿润，加大浇水量，结合浇水每亩追施尿素7~10kg。3~4片真叶时，间苗采收1次。

（2）秋季栽培管理

秋茬菠菜是在夏季播种，播种后气温较高，可覆盖麦秸、稻草或遮阳网等降温保湿。出苗后及时揭去覆盖物，注意水肥管理，浇水应轻浇、勤浇，保持土壤湿润。两片真叶以上时进行间苗；4~5片真叶时，开始追肥，每亩施用尿素10~15kg，追施2次。

（3）越冬栽培管理

① 越冬前准备。

越冬菠菜出苗后，为了促进菠菜根系发育，使之向纵深发展，在保证菠菜正常生长的前提下，可适当控制浇水。菠菜长至2~3片真叶后，生长速度明显加快，此时每亩结合浇水可施用速效性纯氮肥5~7kg，进行浅中耕、除草，准备越冬。

② 越冬期管理。

浇防冻水，一般在土壤白天解冻夜间上冻时浇灌，浇水后早晨解冻时覆盖一层干土或土粪，达到保墒施肥的目的。

③ 返青期管理。

早春菜地如积雪太多，应尽快清除积雪。菠菜越冬后开始返青，耕层解冻，表土逐渐干燥，菠菜心叶开始生长，可选择晴天浇 1 次返青水。返青水浇水量宜小不宜大，并结合浇水，根据菠菜长势进行多次追肥。每亩追肥量纯氮 4~5kg。

7. 病虫害防治

（1）物理防治

① 黄板诱杀蚜虫和潜叶蝇。

在棚室等设施栽培条件下，将黄板悬挂在高于菠菜顶部 15cm 左右的上方，一般每亩悬挂 30~40 块黄板，黄板规格为 30cm×20cm。

② 设置频振式杀虫灯。

露地菠菜栽培可在有电源设施的地块设置频振式杀虫灯，灯高度 1. 3~1. 5m 为宜，每盏杀虫灯可控制面积 1. 33~2. 67hm^2。

（2）药剂防治

① 施药准则。

无公害菠菜生产在使用药剂防治病虫害时，应执行 CB4285 农药安全使用准则、GB/T8321 农药合理使用准则。

② 防治方法。

菠菜霜霉病：可用60%吡唑代森联水分散颗粒剂 800 倍液喷雾防治，或用75%百菌清可湿性粉剂 600 倍液喷雾防治，用药安全间隔期为 7~10 天。

菠菜炭疽病：可用 80%炭疽福美可湿性粉剂 800 倍液喷雾防治，或用 10%苯醚甲环唑水分散颗粒剂 800 倍液喷雾防治，用药安全间隔期为 7~10 天。

菠菜斑点病：可用 10%苯醚甲环唑水分散颗粒剂 800 倍液喷雾防治，用药安全间隔期为 7~10 天。

蚜虫：可用 10%吡虫啉可湿性粉剂1 000倍液喷雾防治，或用 3%啶虫脒可湿性粉剂1 000倍液喷雾防治，用药安全间隔期为 7 天。

8. 及时采收

根据市场菠菜价格适时提前或延后收获，一般在苗高 15~20cm

时开始分批采收。

十八、芹菜绿色栽培技术

1. 茬口安排

芹菜性喜冷凉，适宜芹菜生长的温度为15~20℃，高于20℃且遇干燥，生长不良，品质下降。超过30℃，叶片发黄，生长不良，易发生病害。因此芹菜栽培主要安排在冷凉季节，其茬口安排有秋冬茬、越冬茬、冬春茬及早春茬。

秋冬茬：8月下旬播种，10月下旬定植，12月下旬至翌年1月下旬收获供应。

越冬茬：10月中旬播种，12月中旬定植，翌年3月上旬开始收获供应。

冬春茬：11月中旬至12月中旬播种，翌年1月中旬至2月中旬定植，3月中旬至5月中旬收获供应。

早春茬：2月上中旬播种，4月上中旬定植，6月上旬至7月中旬收获供应。

2. 种子处理

芹菜在凉爽的条件下发芽良好，尤其是秋播芹菜，在播种前要将种子放在20℃的凉水中浸种10小时，然后搓洗2~3次，每搓洗1次要换1次清水。将浸泡好的种子捞出，用清水洗干净，沥干水分，用纱布包好，再用湿毛巾覆盖。放在18~20℃条件下催芽，当有30%~50%的种子露白时即可播种。

注意：芹菜种子发芽的适温为18~20℃，超过25℃以上发芽速度虽快，但极易热伤，30℃以上失去发芽能力。

3. 育苗

选择土层深厚、保肥保水力强、富含有机质、微酸性的壤土或沙壤土。苗床选择地势较高，排灌方便，避风向阳，土壤肥沃的沙壤土地块，作成宽1m、长5~10m的育苗床，每畦施腐熟农家肥30~50kg。深翻、耙细，耧平畦面，灌足底水，等水渗后播种，盖1cm

厚的细沙或粪土，用秫秸帘或草帘遮盖地面，以避免高温影响出苗。

每亩栽培田，本地芹夏秋育苗需要种子 150～180g，冬春育苗需 100～120g，西芹需种子 80～100g。

4. 苗期管理

扣棚初期，光照充足，气温较高，要注意及时通风，白天温度控制在 18～22℃，夜温 13～15℃，促进地上部及地下部同时迅速生长，防止芹菜黄叶和徒长。当外界温度下降，出现寒潮时，则应逐渐减少通风量。当气温降至 15℃时，要及时关闭风口；降到 10℃以下时，应放下底脚围裙；降到 6～8℃时，夜间要加盖草苫和纸被。

在整个育苗期，都要注意浇水，经常保持土壤湿润，要小水勤浇。夏秋育苗早晚进行，冬春育苗在晴天上午进行。在芹菜苗期一般不追肥。如发现缺肥长势弱时，在 3～4 片真叶时可随水追施硫酸铵，每亩施用 10kg。在幼苗 1～2 片真叶时，进行 1～2 次间苗，苗距 3cm，以扩大营养面积，保证秧苗健壮生长，并结合间苗进行除草。

5. 定植

芹菜适宜富含有机质，保水、保肥力强的壤土或黏壤土。前茬作物收获后，及时中耕。中等肥力土壤每亩施入腐熟农家肥 3 000～5 000kg，三元复合肥 25～30kg。深翻 20cm 以上，使土壤和肥料充分混匀，整细耙平，按当地种植习惯作畦，畦宽 1～1.2m 为好。幼苗 5～6 片叶时定植，移栽前 3～4 天停止浇水，用铲带土取苗。本地芹多采用丛栽法，每丛 2～3 株，西芹单株定植。每亩本地芹菜可栽培 25 000～35 000株，西芹9 000～10 000株。

6. 定植后的管理

定植后 3～5 天浇缓苗水。定植后 10～15 天，每亩追施尿素 5kg，以后每 20～25 天，追肥 1 次，每亩每次追施平衡型大量元素水溶肥 3～5kg。收获前 10 天停止追肥、浇水，以降低硝酸盐含量，有利于贮藏。浇水时夏季应早晚进行，中午浇水会造成畦面温差过大导致死苗。深秋和冬季控制浇水，即使浇水也应选择晴天温度高时进行。施肥应与浇水交替进行，并注意加强通风降温，防止湿度过大发生病害。

芹菜前期生长较慢，常有杂草危害，因此应及时中耕除草。一般在每次追肥前结合除草进行中耕。由于芹菜根系较浅，中耕宜浅，只要达到中耕除草、松土目的即可，不能太深，以免伤及根系，反而影响芹菜生长。

秋季当气温低于 12℃ 时及时扣棚，春季定植前 10 天扣棚暖地。在气温达到 20℃ 时就开始放风，使温度维持在 18~20℃，夜间不低于 10℃，进入 12 月气温较低，夜间大棚内加扣小拱棚保温，防止冻害，利于生长。

7. 病虫害防治

（1）斑枯病

保护地每亩用 45%百菌清烟剂 200~250g，或 10%速克灵烟剂，分 4~5 处，傍晚暗火点燃闭棚过夜，隔 7 天 1 次，连熏 3 次。发病初期开始喷洒 70%丙森锌可湿性粉剂 500 倍液，或 75%百菌清可湿性粉剂 600 倍液、50%多菌灵可湿性粉剂 800 倍液，10%世高水分散颗粒剂 1 500倍液，隔 7~10 天 1 次，连喷 2~3 次。

（2）假黑斑病

发病初期喷洒 5%扑海因可湿性粉剂 1 000倍液，或 75%百菌清可湿性粉剂 600 倍液、10%世高水分散颗粒剂 1 500倍液、58%甲霜灵锰锌可湿性粉剂 500 倍液，隔 7~10 天 1 次，连喷 2~3 次。

（3）菌核病

发病初期开始喷洒 50%速克灵，或 50%扑海因，或 50%农利灵可湿性粉剂 1 000倍液，隔 9 天 1 次，连续防治 3~4 次。

（4）软腐病

发病初期开始喷洒 72%农用硫酸链霉素可溶性粉剂，或新植霉素 3 000倍液、14%络氨铜水剂 350 倍液、50%琥胶肥酸铜可湿性粉剂 600 倍液，隔 7~10 天 1 次，连续防治 2~3 次。

（5）病毒病

发病初期开始喷洒 1.5%植病灵乳油 1 000倍液，或 20%病毒 A 可湿性粉剂 500 倍液，或 8%宁南霉素水剂 500~800 倍液，隔 7~10 天 1 次，连喷 2~3 次。

（6）黄板诱蚜

棚室内设置用废旧纤维板或纸板剪成的100cm×20cm的板条，涂上黄色漆，同时涂上一层机油，挂在行间或株间，高出植株顶部，每亩30~40块。当黄板粘满蚜虫时，再重涂一层机油，一般7~10天重涂1次。

8. 采收

芹菜根据市场需求小苗到大苗都能采收，最适宜采收期为定植后60~90天，株高60~70cm，具有10~12片肥厚叶片。过早收获，会影响产量；过晚收获叶柄的养分会向根部转移，使叶柄质地变粗，纤维增多，甚至出现空心，从而降低品质，影响产量。

第四章 蔬菜病虫害综合防治技术

蔬菜病虫害防治应贯彻“预防为主、综合防治”的植保方针，最大限度地减少化学药剂的使用，提高防治效率，使产品达到绿色无公害食品要求。

在防治中要坚持以农业防治为基础，优先采用生态防治、营养防治、生物防治和物理防治，科学合理进行化学防治，综合运用各种防治方法。

一、农业防治

农业防治是采用农业栽培技术措施，防治病虫害发生的一种防治方法，其实质是预防病虫害发生，是病虫害防治的基础。

（一）控制病虫害传入

严格执行检疫制度，加强植物检疫，防止病虫害传入。

（二）选择适宜良种

选择适合当地气候条件、栽培设施和栽培季节的品种。在适宜品种中尽量选择抗病品种。挑选不带病菌、成熟饱满的种子，淘汰瘪籽和开口的种子。

（三）培育无病虫害壮苗

1. 种子消毒

可用温汤浸种、热水烫种、药剂处理及药剂拌种等方法进行种子消毒。

（1）温汤浸种

利用高温杀灭病菌，能杀死附着在种子表面和内部的病菌。此法不需要任何药剂，操作简单，并且可与浸种催芽结合进行。温汤浸种所用水温为55℃左右，用水量为种子量的5~6倍。先用常温水浸15分钟，再转入55℃热水中浸种，要不断搅拌，并保持该水温10~15分钟，然后让水温降至30℃，继续浸种。不同的蔬菜种子其浸泡的时间是不同的，如辣椒种子浸种5~6小时，茄子种子浸种6~7小时，番茄种子浸种4~5小时，黄瓜种子浸种3~4小时。用温汤浸种最好结合药液浸种，杀菌效果更好。

（2）热水烫种

利于高温杀死种子表面的病菌和虫卵。水温为75℃，甚至更高一些，用水量为种子的4~5倍，种子要经过充分干燥。烫种时要用两个容器，使热水来回倾倒，最初几次倾倒速度要快而猛，使热气散发并提供氧气。一直倾倒至水温降到55℃时，再改为不断地搅动，并保持这样的温度7~8分钟。以后的步骤同常规的浸种法。此法适合于种皮硬而厚、透水困难的种子，如韭菜、丝瓜、冬瓜等。

（3）药剂浸种

① 50%的代森铵可湿性粉剂200~300倍液浸白菜、瓜类、菜豆种子20~30分钟，捞出后清水洗净播种，可防治瓜类霜霉病、炭疽病，菜豆炭疽病，白菜白斑病、黑斑病。

② 用72%农用链霉素可湿性粉剂300~500倍液浸种2~3小时，捞出洗净，催芽播种，能防治蔬菜细菌性病害和炭疽病、早疫病、晚疫病。

③ 用100~300倍液福尔马林浸种15~30分钟，捞至清水中冲洗干净后播种。能防治瓜类枯萎病、炭疽病、黑星病，茄子黄萎病、绵腐病，菜豆炭疽病。

④ 用50%甲基托布津可湿性粉剂500~600倍液浸种1小时，取出，再用清水浸种2~3小时，充分晾晒后播种，可预防立枯病、霜霉病等真菌性病害。

⑤ 用50%多菌灵可湿性粉剂500倍液浸白菜、番茄、瓜类种子，1~2小时后捞出，清水洗净，催芽播种，可防治大白菜白斑病、黑

斑病，番茄早疫病、晚疫病，瓜类炭疽病、白粉病。

⑥ 将种子用清水浸泡 4 小时后，再浸于 10%磷酸三钠溶液中，20~30 分钟后捞出，清水洗净，催芽播种，能防治番茄、辣椒病毒病。

（4）药剂拌种

① 用 50%克菌丹可湿性粉剂拌种，用药量为种子重量的 0.2%，可防治茄子黄萎病、枯萎病、褐纹病。用药量为种子重量的 0.4%，可防治番茄枯萎病、叶霉病。

② 用拌种双可湿性粉剂，用药量为种子重量的 0.2%，防治茄科蔬菜幼苗立枯病、白菜类猝倒病、冬瓜立枯病。用药量为种子重量的 0.3%，防治菜用大豆根腐病、甜瓜枯萎病、甘蓝根肿病和胡萝卜黑斑病、黑腐病等。

③ 用 35%甲霜灵种子处理剂拌种，用药量为种子重量为 0.2%，防治菜用大豆、蚕豆、大葱、洋葱、十字花科蔬菜等的霜霉病。

④ 用 50%福美双可湿性粉剂拌种，用药量为种子重量的 0.2%，防治萝卜黑腐病、大葱和洋葱黑粉病。用药量为种子重量的 0.25%，防治茄子、瓜类、甘蓝、花椰菜、莴笋、蚕豆等苗期立枯病、猝倒病。用药量为种子重量的 0.3%~0.4%，防治炭疽病、白斑病、霜霉病和菜豆炭疽病等。

⑤ 用 75%百菌清可湿性粉剂拌种，用药量为种子重量的 0.2%，防治豌豆根腐病、白菜类猝倒病、胡萝卜黑斑病等。

⑥ 用甲霜·咯菌腈悬浮种衣剂拌种，用药量为种子重量的 0.2%~0.3%，防治白菜类猝倒病。用药量为种子重量的 0.3%，防治胡萝卜黑斑病、黑腐病、斑点病。用药量为种子重量的 0.4%，防治十字花科蔬菜黑斑病。

⑦ 用 65%代森锌可湿性粉剂拌种，用药量为种子重量的 0.3%，防治甘蓝黑根病、白菜霜霉病等。

⑧ 用 50%扑海因可湿性粉剂拌种，用药量为种子重量的 0.2%~0.3%，防治白菜类黑斑病、白斑病，甜瓜叶枯病，辣椒菌核病等。

⑨ 用 68%甲霜灵锰锌可湿性粉剂拌种，用药量为马铃薯种薯块重的 0.3%，防治晚疫病。

2. 其他措施

① 育苗场消毒使用前对育苗场所消毒，可减少病原菌和虫卵。

② 营养土既要通气、有足够营养，也要无病菌和害虫。

③ 控制好温度、水分、光照等环境因素，并及时防治苗期病虫害。

④ 采用嫁接育苗，预防土传病害发生，同时减轻其他病害的发生。

（四）改善栽培条件

1. 优化栽培环境

根据实际条件尽量采用合理的建材，修建优型日光温室和大棚，选用抗老化无滴膜，在棚室顶部及腰部设置通风口。

露地栽培要修好排水沟，防止积水引发各种病害。

2. 轮作与换土

连作易引发和加重病害，如果条件允许，最好能进行轮作。马铃薯、黄瓜、辣椒等需 2~3 年的轮作；番茄、大白菜、茄子、甜瓜、豌豆等需 3~4 年的轮作；西瓜需 5 年以上的轮作。

如果轮作困难，特别是保护地生产很难轮作，可采用换土的方法达到轮作效果，即用肥沃的大田表土替换重茬的保护地耕作层土壤。

3. 清洁田园

在播种和定植前要及时清除残枝、落叶、杂草，整个栽培管理过程要及时除草、摘除老叶和病叶。

4. 土壤与棚室消毒

（1）高温闷棚

利用夏季保护地休闲季节及外界高温条件，进行土壤高温闷棚消毒。高温闷棚消毒可消除病菌、杀灭虫卵、清除杂草、改良土壤。

具体操作如下：闷棚前棚内土地要整平，整细，并结合整地，把鸡粪、猪粪等有机肥料一并施入地下，以便借高温杀死有机肥中的病菌虫卵。土壤的含水量与杀菌效果密切相关，因此闷棚前先进行土壤灌溉。一般土壤含水量达到田间最大持水量的 60%时效果最好，灌溉的水面高于地面 3~5cm 为宜。用大棚膜和地膜进行双层覆盖，密闭处理 10 天左右，可使棚内地表下 10cm 处最高地温达 70℃，20cm 深处的地温可达 45℃以上，可杀死土壤中 80%以上的病原菌。

（2）硫黄熏蒸

在播种或定植前每亩棚室用硫黄 200～250g，放入小花盆等容器内，在傍晚点燃，密闭棚室 24 小时，对棚室熏蒸消毒。

5. 深耕晒垡

通过深耕晒垡，或冻垡，减少病原菌，降低虫口基数。

6. 科学施肥

以有机肥为主，适量施用化肥。有机肥一定要腐熟并经过无害化处理，以免诱发各种生理性病害及带入病菌虫卵；合理使用氮肥，适当增施磷钾肥，增强植株抗病力。

（五）其他农业措施

1. 地膜覆盖

地膜覆盖有提高地温、抑制杂草、减少浇水次数、降低空气湿度等作用，使环境更适宜蔬菜作物生长，而不适合病虫害发生。

2. 植株调整

及时吊蔓、绑蔓、打侧枝、束叶、去卷须、摘掉下部老叶及病叶，提高田间通风透光性，促进蔬菜作物生长，减轻病害发生。

二、生物防治

（一）利用天敌防治

1. 粉虱类害虫防治

天敌品种：丽蚜小蜂、斯氏钝绥螨、小黑瓢虫和烟盲蝽。

释放技术：定植后 7～10 天释放，丽蚜小蜂按 2 000头/亩，隔 7～10 天释放 1 次，连续释放 3～5 次；斯氏钝绥螨按 10 000头/亩，隔 20～30 天释放 1 次，连续释放 3～4 次；小黑瓢虫按 2 000头/亩，隔 20～30 天释放 1 次，连续释放 3～4 次；烟盲蝽按 1 000头/亩，隔

10 天释放 1 次，连续释放 3 次。

2. 害螨类害虫防治

天敌品种：胡瓜钝绥螨、巴氏新小绥螨、智利小植绥螨。

释放技术：定植后 10～15 天释放，胡瓜钝绥螨或巴氏新小绥螨按5 000～10 000头/亩，间隔 25～30 天后再按20 000～30 000头/亩释放 1 次；智利小植绥螨按3 000头/亩，隔 15～20 天释放 1 次，连续释放 2～3 次。

3. 蚜虫类害虫防治

天敌品种：食蚜瘿蚊、瓢虫、蚜茧蜂。

释放技术：定植后 7～10 天释放，食蚜瘿蚊按 200～300 头/亩，隔 7～10 天释放 1 次，连续释放 3～4 次；瓢虫（卵）按2 000头/亩，隔 7～10 天释放 1 次，连续释放 3～4 次；蚜茧蜂按3 000～5 000头/亩，隔 10～15 天释放 1 次，连续释放 3 次。

4. 蓟马类害虫防治

天敌品种：东亚小花蝽、胡瓜钝绥螨、巴氏新小绥螨。

释放技术：定植后 7～10 天释放，东亚小花蝽按 300～400 头/亩，隔 7～10 天释放 1 次，连续释放 2～4 次；胡瓜钝绥螨或巴氏新小绥螨按 5～10 头/株，20 天后按 20～30 头/株再释放 1 次。

（二）施用昆虫生长调节剂和特异性农药防治

这类农药具有低毒、对害虫天敌影响小的特点，可以干扰害虫的生长发育和新陈代谢，使害虫缓慢死亡。当前生产中常用的生物杀虫剂主要有苏云金杆菌，防治菜青虫、小菜蛾、菜螟、甘蓝夜蛾等；白僵菌防治菜粉蝶、小菜蛾、菜螟等鳞翅目害虫；茼蒿素植物毒素类杀虫剂防治菜蚜、菜青虫；苦参碱防治菜青虫、菜蚜、韭菜蛆等；阿维菌素防治菜青虫、小菜蛾等。

（三）施用生物药剂防治

包括细菌、病毒、抗生素等生物药剂，这类药剂对人、畜安全，但药效较慢。可用嘧啶核苷类抗生素或武夷霉素防治白粉病、灰霉病等病害。多黏类芽孢杆菌为细菌杀菌剂，每亩用0.1亿 cfu · g^{-1}细粒剂1~1.5kg，加水稀释后灌根，防治番茄、辣椒、茄子的青枯病。枯草芽孢杆菌每亩使用10亿活芽孢 · g^{-1}可湿性粉剂600~800倍液喷雾，防治草莓和黄瓜的灰霉病及白粉病。

三、生态防治

病害发生需要一定的温湿度条件，在适宜的条件下，易导致霜霉病、黑星病等病害迅速发生蔓延。通过人为调控，使温度、湿度两个条件中至少1个条件不适宜病菌生长，可以达到预防与控制病害发生的作用。具体参考做法如下。

① 上午如果外界温度允许，先通风1小时，排出湿气，然后密闭棚室，室温保持28~35℃，有利于果菜类蔬菜进行光合作用，并通过温度和湿度双因子抑制病菌繁殖。

② 中午和下午通风，室温降至20~25℃，空气相对湿度降至65%~70%，保证叶片不结露，通过湿度因子限制病菌繁殖。

③ 夜间不通风，空气相对湿度达到80%以上，温度降至11~12℃，通过温度因子抑制病菌繁殖。

四、营养防治

植株体内营养物质含量和抗病性存在一定关系，通过施用含有一定营养物质的溶液，提高植株体内营养物质含量，可以达到预防与控制病害发生的作用。

1. 喷施糖尿液

用尿素0.2kg+糖0.5kg+水50L配制糖尿液，在生长盛期每隔5天喷施1次，连喷4~5次，可以减轻霜霉病等病害的发生。

2. 喷施磷酸二氢钾

结果期用0.2%磷酸二氢钾溶液喷施叶面，每7~10天喷1次，连喷3~5次，可以减轻病害发生。

五、物理防治

1. 黄板或蓝板诱杀

利用涂有黏虫胶或机油的橙黄色木板或塑料板，可以诱杀蚜虫、温室白粉虱等多种害虫，通常每亩设 20~30 块置于田间与植株高度相同位置即可；利用涂有黏虫胶或机油的蓝色木板或塑料板可以诱杀蓟马等害虫。

2. 银灰膜避蚜

利用蚜虫对银灰色的忌避性，每亩用 1.5kg 银灰色膜剪成 15cm 长的挂条，可有效驱避蚜虫，也可覆盖银灰色地膜驱避蚜虫。

3. 紫外线阻断膜

选用紫外线阻断膜作为棚膜，可以减轻灰霉病、菌核病等病害。

4. 覆盖遮阳网

高温强光季节覆盖遮阳网可以降低光照强度和温度，预防病毒病的发生。

5. 覆盖防虫网

蔬菜保护地栽培，棚室通风口及入口覆盖 20~40 目防虫网可以防止外界害虫侵入。夏秋季节虫害较重，在育苗床上搭建小拱棚并覆盖防虫网，可减少病虫危害。

6. 糖醋液诱杀

利用地老虎、斜纹夜蛾等对糖醋液的趋性，用糖 6 份、酒 1 份、醋 2~3 份、水 10 份，加适量敌百虫配制糖醋液诱杀。使用时应保持盆内溶液深度 3~5cm，每亩放 1 盆，盆要高出作物 30cm，连续防治 15 天。

六、化学防治

1. 农药使用原则

使用高效、低毒、低残留的非禁用农药，严格按照国家农药使用标准。

(1) 国家禁止在蔬菜上使用的农药

六六六、滴滴涕、毒杀芬、二溴氯丙烷、杀虫脒、二溴乙烷、除草醚、艾氏剂、狄氏剂、汞制剂、砷、铅类、敌枯双、氟乙酰胺、甘氨、毒鼠强、氟乙酸钠、毒鼠硅等。

(2) 限用农药

甲胺磷、甲基对硫磷、对硫磷、久效磷、磷胺、甲拌磷、甲基异柳磷、特丁硫磷、甲基硫环磷、治螟磷、内吸磷、克百威、涕灭威、杀线磷、硫环磷、蝇毒磷、地虫硫磷、氯唑磷、苯线磷、氧化乐果等。

(3) 药品选择

选择正规农药产品，正规农药产品的包装要具有以下标志：有效成分的中文通用名、含量和剂型，农药登记证号，生产许可证，商标，生产厂（公司）名称、地址、电话、传真和邮编等，毒性标志，贮运图标，毛含量、净含量，生产日期或批号，产品质量保证期，产品使用说明等。不得购买无厂名、无药名、无说明的“三无”农药。

2. 化学防治注意事项

① 细致观察及早发现，治早、治小、治了。

② 准确诊断合理用药。掌握病虫危害症状，做到准确诊断，及时防治，合理用药。

③ 适时定位用药。掌握病虫害发病规律，如灰霉病主要侵染花瓣，其次是柱头和小果实，防治要提前到花期，重点喷花瓣和幼瓜；霜霉病、白粉病等病害，叶片正背面均有病菌分布，喷药时叶正反面都要喷到。

④ 合理混用农药。同类性质（指在水中的酸碱性）的农药才能混用，中性农药与酸性农药可混用，一些农药不可与碱性农药混用。

⑤ 细致喷药交替用药。雾滴要细小，植株的重点部位要喷到；不同类农药交替使用。一般病害每 6~7 天喷 1 次药，虫害每 10~15 天喷 1 次药。喷药要选晴天进行，温度高时浓度适当低些，苗期、开花期喷药量要少。

参考文献

蔡霞，李桂莲，孟平红，等. 2015. 大蒜间套菜用糯玉米、夏秋大白菜间套甘蓝一年两季四收栽培模式［J］. 北方园艺（3）：52-54.

曹瑞金. 2010. 日光温室苦苣—生菜—辣椒高效栽培模式［J］. 中国蔬菜（5）：57-59.

陈春秋. 2013. 黄淮地区大蒜—黄瓜—豇豆三种四收高效栽培技术［J］. 北方园艺（21）：209-210.

陈靖，王艳菲. 2015. 日光温室结球甘蓝—黄瓜—辣椒一年三种三收高效栽培技术［J］. 蔬菜（10）：49-50.

陈世琴. 2015. 露地蔬菜一年四熟高效套作栽培技术［J］. 现代园艺（24）：48-48.

邓昌雄. 2013. 大棚黄瓜—苦瓜（套苋菜）—莴笋高产栽培模式［J］. 长江蔬菜（13）：31-32.

丁淑云，吴克顺. 2015. 塑料大棚多层覆盖番茄—黄瓜—结球甘蓝—菠菜一年四熟高效种植技术［J］. 现代农业科技（9）：91-93.

樊志新. 2017. 南和县大棚茄子—黄瓜—菠菜三茬栽培技术［J］. 河北农业（3）：25-26.

高后兵. 2017. 设施小西瓜—小青菜—西兰花—菠菜一年四熟栽培模式［J］. 安徽农学通报（6）：95-96.

龚猛. 大棚毛豆—丝瓜—秋延辣椒—芫荽一年四熟高效栽培模式［J］. 长江蔬菜（14）：64-65.

顾掌根，褚伟雄，陈福权，等. 2006. 大棚厚皮甜瓜—晚稻高效复种栽培模式［J］. 上海蔬菜（1）：48-49.

郭冬鸿，王雅. 2012. 大棚莴笋—甘蓝—辣椒周年高效栽培模式［J］. 西北园艺（综合）（2）：10-11.

郝国华. 2012. 芹菜—生菜—茼蒿—菠菜茬口栽培技术［J］. 吉林蔬菜（7）：13-14.

胡奇，王宝海. 2013. 日光温室西瓜、大白菜、甘蓝一年三茬高效栽培技术［J］. 西藏农业科技（2）：35-37.

黄珍发. 2009. 有机蔬菜栽培技术［J］. 农学学报，9（3）：45-46.

季晓群，王书林，沈田辉. 2014. 大棚辣椒—丝瓜—秋甘蓝高效立体栽培技术［J］. 上海农业科技（1）：142-143.

郎德山. 2015. 新编蔬菜栽培学各论［M］. 长春：吉林教育出版社.

李海燕，董在成，刘绍宽，等. 2018. 日光温室秋冬芹菜—早春番茄—夏豇豆高效栽培技术［J］. 中国蔬菜（1）：101-104.

李静，李汉中，赵静. 2011. 大棚早春甘蓝、春糯玉米、秋花菜、菠菜高效栽培技术［J］. 长江蔬菜（21）：22-23.

李世斌，王晓燕. 2013. 平利县春黄瓜—夏秋莴笋—越冬芹菜一年三茬高产栽培技术［J］. 蔬菜（3）：22-24.

李作明. 2017. 糯玉米—花椰菜—辣椒—豇豆—菠菜一年五熟间套种栽培技术［J］. 长江蔬菜（5）：30-32.

练华山，王慧，唐雪松. 2013. 大棚蔬菜一年四熟高效套作模式研究［J］. 蔬菜（5）：64-66.

梁久杰. 2010. 大棚生菜—硬果番茄—西芹高效栽培［J］. 中国蔬菜，1（13）：52-54.

刘春华. 2014. 大棚菠菜—春大白菜—糯玉米—莴苣一年四熟高效无公害栽培［J］. 上海蔬菜（1）：56-56.

刘恩贺，张静. 2018. 大棚芸豆—丝瓜—芹菜一年三作三收高产高效栽培技术［J］. 安徽农学通报，24（19）：37，79.

刘桂丽. 2016. 山东省塑料大棚早春茬黄瓜套种佛手瓜再间作生菜高效栽培模式［J］. 北方园艺（16）：209-210.

陆长春，骆来昌. 2015. 菠菜—毛豆—扁豆—糯玉米—西芹 1 年多熟高效栽培技术［J］. 上海蔬菜（5）：57-58.

南炳东，付金元，肖正璐，等. 2018. 庆阳大棚早春甜瓜—秋延后辣椒—越冬菠菜周年高效种植模式［J］. 中国蔬菜（6）：103-105.

齐连芬，李燕，王丹丹，等. 2019. 大棚甘蓝—番茄—菠菜一年三作栽培技术［J］. 北方园艺，428（5）：203-205.

齐连芬，王丹丹，郭敬华，等. 2019. 大棚甘蓝—辣椒—菠菜一年三作栽培技术［J］. 长江蔬菜，473（03）：34-36.

任德国，闫文娟，李建侠，等. 2010. 大蒜—西瓜—玉米优质高效标准化生产技术［J］. 北方园艺（7）：243-244.

任晓雪，曹彦辉，韩灿功，等. 2012. 大棚春马铃薯—夏芹菜—秋番茄一年三熟高产栽培技术［J］. 蔬菜（12）：33-35.

施吉祥. 2012. 甜玉米—生菜—辣椒高效栽培技术［J］. 现代农业科技（12）：82-83.

王腊莉，宗晓琴. 2013. 拱棚甘蓝—玉米—菠菜高效栽培技术［J］. 农业技术与装备（12）：42-43.

王磊. 2013. 拱棚茄子—莴笋—菠菜周年栽培技术［J］. 现代农村科技（4）：14.

王玲艳. 2019. 黄瓜—芹菜—生菜栽培技术［J］. 河北农业（4）：18-20.

王志勇，高冠英，赵艳艳，等. 2019. 豫南地区白菜—西瓜—甘蓝一年三熟高效栽培技术［J］. 北方园艺，428（05）：210-213.

魏福敏. 2014. 日光温室秋冬茬菜豆、甘蓝（结球生菜）间套作茴蒿（小茴香）高效栽培技术［J］. 中国蔬菜（1）：75-77.

吴海东，刘海峰. 2019. 设施蔬菜绿色生产技术集成与应用［J］. 园艺与种苗（4）：38-41.

徐俭，姜永平，刘水东. 2016. 设施鲜食大豆—小白菜—西兰花—菠菜一年四熟栽培模式［J］. 安徽农学通报（1）：33-33.

杨金雯. 2015. 夏秋辣椒—秋芹菜—春生菜高效模式栽培技术［J］. 现代农业科技（23）：68-69.

姚淑娟，王锐竹，李海燕，等. 2013. 日光温室冬春茬番茄套种生菜—夏秋茬黄瓜高效栽培模式［J］. 中国蔬菜（17）：66-68.

殷伯贤，陈红辉，顾益春，等. 2009. 番茄—抗热青菜—青蒜—结球生菜一年四收高效栽培技术［J］. 长江蔬菜（1）：16-17.

于洪波，孙长宝，刘桂芹，等. 2009. 春黄瓜—生菜—番茄茬口安排及栽培措施［J］. 吉林蔬菜（6）：25-26.

袁春新，徐标，吴刚. 2018. 矮生菜豆/鲜食糯玉米—西兰花标准化栽培［J］. 安徽农业科学，46（32）：55-57.

袁祖华，粟建文，胡新军，等. 2011. 绿色蔬菜和有机蔬菜生产技术（上）［J］. 湖南农业（1）：16.

岳振平，张雪平，靳艳革. 2009. 地膜大蒜—夏黄瓜—秋萝卜高效栽培模式［J］. 西北园艺（11）：23-24.

詹国勤，周琪. 2013. 秋延后芹菜、大棚苋菜、豇豆高产高效栽培技术［J］. 上海农业科技（1）：144-145.

张德梅. 2018. 塑料大棚水萝卜—小芹菜—西红柿高产高效栽培模式［J］.

农业科技与信息（5）：24-25.

张军，郭宇，张习文. 2016. 春糯玉米—夏秋菜豆—冬春莴笋周年高效栽培技术［J］. 长江蔬菜，399（1）：16-17.

张士罡，刘广丽. 2015. 大棚苦瓜、甘蓝、黄瓜、菠菜一年四种四收高效栽培技术［J］. 新农村，386（11）：21-22.

张晓英. 2018. 冬春青菜—丝瓜—秋辣椒高效栽培技术［J］. 上海蔬菜（4）：47-48，52.

张振贤. 2003. 蔬菜栽培学［M］. 北京：中国农业大学出版社.

赵国丽，陈建华，代永青，等. 2014. 塑料大棚茄子—芹菜—菠菜一年三茬高效栽培技术［J］. 蔬菜（1）：58-60.

赵雪贤. 2019. 中棚芹菜—甘蓝—黄瓜栽培技术［J］. 河北农业（4）：31-35.

周桂官，顾桂华，薛瑞祥，等. 2013. 莴苣—番茄（茄子）—丝瓜—芹菜一年四茬高效栽培模式［J］. 中国蔬菜（11）：64-65.

卓祖闯，闫耀民，董铁成，等. 2014. 早春西瓜—花椰菜—生菜1年3茬栽培技术［J］. 中国瓜菜（2）：55-56.

纵瑞敬. 2015. 淮北地区甘蓝、西瓜、玉米、香菜菜粮轮作种植模式及栽培技术要点［J］. 安徽农学通报，285（23）：46-47.

邹志明，姚伟新. 2016. 探讨有机蔬菜病虫害的综合防治技术［J］. 农技服务，33（4）：127.